花生食品安全

◎ 邢福国　刘　阳　戴小枫　主编

中国农业科学技术出版社

图书在版编目（CIP）数据

花生食品安全／邢福国，刘阳，戴小枫主编 . —北京：中国农业
科学技术出版社，2017. 12

ISBN 978-7-5116-3267-8

Ⅰ. ①花⋯　Ⅱ. ①邢⋯②刘⋯③戴⋯　Ⅲ. ①花生食品-食品安全
Ⅳ. ①TS219

中国版本图书馆 CIP 数据核字（2017）第 237823 号

责任编辑　　贺可香
责任校对　　贾海霞

出 版 者　　中国农业科学技术出版社
　　　　　　北京市中关村南大街 12 号　　邮编：100081
电　　话　　（010）82109194（编辑室）　（010）82109702（发行部）
　　　　　　（010）82109709（读者服务部）
传　　真　　（010）82106650
网　　址　　http://www.castp.cn
经 销 者　　各地新华书店
印 刷 者　　北京富泰印刷有限责任公司
开　　本　　880mm×1 230mm　1/32
印　　张　　4. 875　　彩插　4 面
字　　数　　160 千字
版　　次　　2017 年 12 月第 1 版　2017 年 12 月第 1 次印刷
定　　价　　26. 00 元

《花生食品安全》
编 委 会

主　　编　邢福国　刘　阳　戴小枫

参编人员（按姓氏笔画排序）

　　　　　马龙雪　王　平　王　夔　吕　聪

　　　　　刘　肖　刘　畅　杨庆利　郑慕民

　　　　　赵月菊　常　鹏

前　　言

　　花生是世界范围内广泛种植的油料和经济作物，为全球最重要的四大油料作物之一。在我国油料作物中，花生的种植面积仅次于油菜，位列第 2 位，占油料作物总面积的 1/4，花生总产量占油料作物总产量的 50% 以上，单产、总产和出口量一直位居全国油料作物之首。多年来花生是我国出口创汇额最高的油料作物和经济作物，在世界贸易中所占比重近年呈稳定上升趋势。花生中矿物质含量丰富，特别是含有人体必须的氨基酸，有促进脑细胞发育，增强记忆的功能。花生果内含丰富的脂肪和蛋白质，具有很高的营养价值，特别是富含亚油酸、白藜芦醇、钙、铁、多种维生素等，可降低心血管病、肿瘤和糖尿病等发病几率，治疗营养不良、贫血，且健脑、益智、防衰老，作为广大消费者十分喜爱的营养保健食品在榨油、食品加工和医药等产业占有重要分量。

　　但花生在种植、收获、储藏和加工中容易受到黄曲霉毒素、重金属、农药残留等危害物的污染，严重威胁食品安全和人体健康。特别是，花生及其制品受黄曲霉毒素污染严重，黄曲霉毒素被 FAO 和 WHO 列为 I 级致癌物，是诱发恶性肿瘤原发性肝细胞癌的主要因素之一，世界范围内 28% 的肝细胞癌是由黄曲霉毒素引起的。近年来，花生及制品黄曲霉毒素超标占我国出口欧盟食品违例事件的比例均超过 30%，是单一事件中比例最高的，花生黄曲霉毒素超标已成为我国农产品出口欧盟的最大障碍，给我国花生加工和出口企业造成了巨大的经济损失。因此，花生食品安全事关人们身体健康、企业经济利用、国家经济发展和公共安全，已成为人们关心、关注、关切的热点。

本书共分四章。第一章主要介绍了花生食品安全危害的主要来源；第二章主要介绍了花生种植、贮藏、加工、包装过程中的危害控制；第三章主要介绍了花生食品黄曲霉毒素的危害控制；第四章主要介绍了转基因花生生产及安全性评价。此外本书对我国转基因产品的相关条例做了详细介绍。本书读者对象主要是从事花生加工、粮食、农业、轻工、食品等专业的师生、科研人员、监管人员和企业技术人员。

本书由邢福国、刘阳、戴小枫主编，参加本书编写的还有杨庆利、王平、郑慕民、潘琳、赵月菊、王奭、吕聪、刘肖、马龙雪、常鹏、刘畅。

本书的编写由国家重点基础研究发展计划（973计划）项目"主要粮油产品储藏过程中真菌毒素形成机理及防控基础（2013CB127800）"课题"储粮真菌毒素抑制及去除基础（2013CB127805）"和国家重点研发计划课题"生鲜食用农产品水活度和微生物调控品质劣变机理（2016YFD0400105）资助出版，在此表示衷心的感谢。

由于编者的知识和经验有限，书中难免有疏漏和不妥之处，诚挚希望同行学者和读者提出宝贵的批评意见和建议。

邢福国

2017年11月16日于北京

目　　录

第一章 花生食品安全危害的种类

我国是世界上最大的花生生产国和出口国，花生在国民经济发展和对外贸易中占有重要地位。花生中含有约50%优质植物油和26%优质蛋白质，营养丰富，风味诱人，特别是富含不饱和脂肪酸、锌以及维生素E、白藜芦醇、β-谷醇、辅酶Q等天然功能成分，可预防心血管病、肿瘤和糖尿病，且健脑、益智、防衰老，既是广大消费者十分喜爱的营养保健食品，又是榨油、食品加工和医药等产业的重要原料。但是，受气候异常，环境恶化，不良的生产、贮藏、加工技术等因素的影响，花生食品容易受到黄曲霉毒素、沙门氏菌、生长调节剂、重金属、残留农药等的污染，导致这些致癌、致畸、致毒的因子超标，不仅危害人体健康，且对花生生产、加工、消费和出口创汇等造成了严重影响，花生食品的安全问题已越来越受到人们的关注。

一、生物性危害

（一）黄曲霉菌及毒素

黄曲霉毒素（Aflatoxin，AFT）是黄曲霉菌（*Aspergillus flavus*）和寄生曲霉菌（*Aspergillus parasiticus*）生长繁殖过程中的次生代谢产物，具有强毒性和强致癌性，严重威胁人和动物的健康。黄曲霉菌可侵染花生、玉米、棉花、向日葵等多种作物，其中又以花生和玉米较易感染。早在1960年人们就发现了黄曲霉毒素，当时英国发现有10万只火鸡死于一种以前没见过的病，被称为"火鸡X病"，研究确认该病与从巴西进口的花生粕有关，科学家们很快从花生粕中找到罪魁祸首，即黄曲霉菌产生的毒素，被命名为黄曲霉毒素。花生中常见的黄曲霉毒素主要为 B_1、B_2、G_1、G_2，其中以 B_1 毒性最强，含量最大。1993 年黄曲霉毒素被联合国粮农组织（FAO）和世界卫生组织（WHO）列为自然发生的最危险的食品污染物之一，黄曲霉毒素 B_1 更被列为 I 级致癌物，是诱发恶性肿瘤—原发性肝细胞癌的主要诱因之一。据流行病学统计，世界范围内 28% 的肝细胞癌是由黄曲霉毒素引起的（Wu，2014）。

花生的生长环境、品种类型、营养状况等都会影响到黄曲霉的侵染进程。其中，影响黄曲霉菌侵染和产毒的首要因素是花生生育后期的干旱。其次，损伤的荚果比完好荚果黄曲霉毒素含量高。再次，荚果的成熟度即收获早晚也是影响黄曲霉毒素侵染程度的因素，延迟收获的花生黄曲霉感染率通常比适时收获的高 20%~30%。另外，在不同的贮藏时间和贮藏条件下，花生感染黄曲霉的程度不同：贮藏 2~4 年花生种子的产毒量显著高于贮藏不足 1 年的种子，且贮藏环境对黄曲霉生长和产毒有很大影响。贮藏温、湿度适宜，花生极易受黄曲霉侵染，从而产生黄曲霉毒素。热带和亚热带地区的高温高湿气候条件十分有利于黄曲霉的生长繁殖和毒素的产生。

（二）细菌

我国的食物中毒中，细菌中毒事故占 98.5%，细菌是单细胞原核生物，种类很多，在自然界中广泛分布，与人类关系密切。有些食品如食醋、味精及多种氨基酸都是应用细菌制造的。但是，很多细菌给人类健康带来危害，其中很大部分是经食品传播的。细菌性食物中毒可分为感染型和毒素型两大类。凡食用含有大量病原菌的食物引起消化道感染而造成的疾病称为感染型食物中毒；凡食用由于细菌大量繁殖而产生毒素的食物所造成的中毒称为毒素型食物中毒。

1. 沙门氏菌

沙门氏菌呈杆状，多数具运动性，有 2 000 多个血清型，不产生芽孢，革兰染色阴性，需氧或兼性厌氧，最适生长温度为 37℃，但在 18~20℃ 也能繁殖。沙门氏菌食物中毒属于感染性食物中毒，是由于摄入了含有大量寄主专一沙门氏菌的食品而引起的。沙门氏菌具有侵袭力，从肠腔进入小肠上皮细胞，引起炎症。主要症状为急性胃肠炎，如恶心、呕吐、腹痛、腹泻。这些症状一般还伴有乏力、肌肉酸痛、视觉模糊、中等程度发热。

据美国联邦食品药品管理局和疾病预防控制中心调查发现，2007—2008 年美国佐治亚州的花生公司在 12 次内部检验中发现公司生产的花生酱可能被沙门氏菌污染，但是并没有根据相关规定将其全部销毁，而是任由其流向市场，结果造成至少 8 人死亡（其中 4 名幼儿），另有 500 多人中毒。人们吃下被沙门氏菌污染的花生酱后，往往会在 12~72h 内发病，其具体症状为腹泻、发烧、腹部疼痛，并且会持续 4~7 天。虽然多数患者无需治疗即可自然痊愈，但是幼儿、老人以及免疫力低下的人可能因此造成严重后果，并需要及时接受抗生素资料。

根据沙门菌污染食品的方式不同可以采取不同的措施，减少沙门菌对食品的污染。因为食品的沙门氏菌污染主要来源于动物，所以采取减少动物携带沙门氏菌是最根本的措施。沙门氏菌对热敏感，消除食品中沙门氏菌的最常用方法是热加工，普通的巴氏消毒和烹饪条件就足以杀死沙门氏菌。采用酸化或降低水分活度也可以消除食品中的沙门氏菌。

2. 大肠杆菌

大肠杆菌为革兰染色阴性的直杆菌，兼性厌氧。生长温度为 15~45℃，最适生长温度为 37℃，有的菌株对热有抵抗力，可抵抗 60℃ 或 55℃ 60min。大肠杆菌可以引起婴儿、甚至所有年龄段人的急性肠炎、引起旅行者腹泻、痢疾、出血性结肠炎等。花生酱等花生制品容易受到大肠杆菌的污染，预防和控制大肠杆菌食物中毒的措施可以参考沙门氏菌，但因为大肠杆菌比较容易侵袭少年儿童，所以要采取一些特殊的措施。

3. 志贺菌属（痢疾杆菌）

志贺菌为革兰阴性短小杆菌、无芽孢、无鞭毛。志贺菌属细菌有 O 和 K 两种抗原，O 抗原是分类的依据。营养要求不高，适宜生长温度为 10~48℃，最适生长 pH 值为 6~8。致病菌数：10~200 个菌可致病，死亡率高。志贺菌食物中毒引起细菌性痢疾，潜伏期 1~3d。志贺菌感染有急性和慢性两种类型，病程在 2 个月以上者为慢性。志贺菌致病因子有 3 种：侵袭力、内毒素和外毒素。志贺菌可以引起严重的食源性疾病，应开展进一步的研究确定毒素和毒性因子的致病作用。预防和控制志贺菌病首先要求患者不得从事食品处理，食品从业人员必须有良好的个人健康和卫生。

4. 小肠结肠耶尔森菌属

为革兰染色阴性球杆菌，无芽孢，无荚膜，25℃培养时有周身鞭毛，但 37℃时则很少有鞭毛，生长温度为 -2~45℃，最适生长温度为 22~29℃，是一种独特的嗜冷病原菌。该菌可在低温环境下生存，冰箱贮存花生食品容易受到该菌的污染。小肠结肠耶尔森菌会引起胃肠炎、结核病、阑尾炎、反应型关节炎、腹膜炎等。小肠结肠耶尔森菌具有侵袭性，对组织的侵袭性与它产生的外膜蛋白有关。小肠结肠耶尔森菌产生菌体表面抗原，诱发抗细胞外杀伤作用，但不增加对吞噬细胞的抵抗力，从而协助病原菌的扩散。耶尔森菌对热、氯化钠、高酸敏感。杀死沙门氏菌的环境条件均可杀死耶尔森菌。

5. 空肠弯曲菌

形态细长，呈弧长形，螺旋形或 S 形。有鞭毛，运动活泼。革兰染色阴性。微需氧，在 36~37℃生长良好。抵抗力较弱，培养物放置冰箱中很快死亡。花生奶等花生制品容易受到该菌的污染。食物中毒症状微痉挛性腹痛、腹泻、头痛、不适、发热等。该菌在小肠内繁殖，侵入上皮细胞引起炎症。有效的控制措施主要是适当的巴氏消毒和烹饪处理、巴氏消毒可以消除奶中的弯曲菌。接触过生肉或其他可能受到污染的食品的用具、设备、案板，应经适当的清洗和消毒。

6. 金黄色葡萄球菌

金黄色葡萄球菌为革兰阳性球菌，呈葡萄串状排列，无芽孢、无鞭毛，不能运动，兼性厌氧或需氧，最适生长温度为37℃，对外界因素的抵抗力强于其他无芽孢菌。耐盐性较强。金黄色葡萄球菌引起毒素型食物中毒，进食含葡萄球菌肠毒素的食物后 1~6h，先出现恶心、呕吐、上腹痛，继以腹泻。控制温度是控制金黄色葡萄球菌食物中毒的最有效途径，同时适当的冷藏和冷冻也是重要的措施。

7. 李斯特菌

该菌为球杆状，常成双排列。革兰染色阳性，有鞭毛、无芽孢、产生荚膜。需氧或兼性厌氧，营养要求不高。生长温度为 1~45℃。pH 值广泛（6~8），死亡率高。该菌主要经消化道感染，成年人和新生儿都可引起脑膜炎、败血症和心内膜炎等。应从食品加工的原料开始控制李斯特菌在食品中的出现。采取严厉的措施，暴露生产加工过程中可能的污染环节，进行微生物学检查和评估，这是控制产品质量的重要步骤。

（三）花生致敏蛋白

食物过敏严重威胁人类健康，已经成为危害食品安全的重要因素，FAO（1995）报告的八类过敏食物均为常见食物，它们分别是牛奶、鸡蛋、鱼、甲壳类（虾、蟹）、大豆、花生、核果类（杏、板栗、腰果）以及小麦，占所有食物过敏原的90%以上。花生作为大宗消费类食品，是最主要的致敏食品之一。美国报道的63例食物过敏引起的死亡患者中，59%是由花生过敏原引起的，占第一位。我国也曾于1991年和1996年发生过两例儿童食用花生导致致敏性休克和致敏性死亡的病例。据英国研究人员统计，在英国每200个人当中有大约1人对花生敏感。虽然部分人只是对花生有轻度过敏反应，但是，花生也会令一些人出现过敏性休克。花生过敏反应在儿童群体中的发病率较高，2001年美国开展了一项关于儿童食品过敏的调查，发现对花生过敏的儿童占总过敏人群的68%。2001—2005年英国的一项针对入学儿童的调查表明有 2.8% 的儿童对花生过敏。2008 年，在我国深圳进行的一项常见食物过敏原调查中，儿童对花生过敏达到了 6.44%，已经成为继牛奶、鸡蛋、小麦、虾等过敏原之后，最为常见的食源性过敏原之一（刘萍等，2008）。花生过敏这种过敏通常在儿童时期引发，并伴随终生。对花生过敏的人，哪怕是吃下极为微量的花生或花生油都会引发严重的过敏反应。同时，花生过敏也是食物过敏中导致死亡人数最高的一种。

1. 花生中主要过敏原

花生过敏原包括多种蛋白质组分，它们高度糖基化，分子量为 0.7~100 kDa，分别属于不同的蛋白质家族。目前国际组织过敏原命名委员会已公布并命名了 13 种花生致敏蛋白（IUIS Allergen Nomenclature Sub - Committee，2013.11.07，http://www.allergen.org/）（表 1-1）。其中，Arah1 和 Arah2 被认为是主要的花生过敏原，90% 的花生过敏患者对其过敏（洪宇伟等，2015）。目前，花生蛋白的过敏研究主要集中于 Arah1、Arah2、Arah3。

表 1-1 花生过敏原

名称	种属	分子质量	异构体	等电点	IgE 结合位点
Arah 1	Cupin（Vicillin-type，7S globulin）	64kDa		5.4	25－34，48－57，65－74，89－98，97－105，97－105，107－116，123－132，134－143，143－152，294－303，311－320，325－334，344－353，393－402，409－418，461－470，498－507，525－534，539－548，551－560，559－568，578－587
Ara h 2	Conglutin（2S albumin）	17kDa	Arah 2.01 Arah 2.02	5.7 5.7	15－24，21－30，27－36，39－48，49－58，57－66 67－74，115－124，127－136，143－152

（续表）

名称	种属	分子质量	异构体	等电点	IgE 结合位点
Arah 3. 01	Cupin（Legumin-type，11S glob-ulin，Glycinin）	58kDa		5. 5	33－47，240－254，279－293，303－317
Arah 3. 02	Cupin（Legumin-type，11S glob-ulin，Glycinin）	61kDa		4. 6	
Arah 5	Profilin	15kDa		5. 2	
Arah 6	Conglutin（2S albumin）	15kDa		5. 6	
Arah 7	Conglutin（2S albumin）	15kDa	Arah 7. 01 Arah 7. 02		
Arah 8	Pathogenesis－related protein，PR-10，Bet v1 family member	17kDa	Arah 8. 01 Arah 8. 02		
Arah 9	Nonspecific lipid-transfer protein	9. 8kDa	Arah 9. 01 Arah 9. 02		
Arah 10	16kDa oleosin	16kDa	Arah 10. 0101 Arah 10. 0102		
Arah 11	14kDa oleosin	14kDa			
Arah 12	Defensin	8kDa，12kDa，5. 184kDa			
Arah 13	Defensin	8kDa，11kDa，5. 472kDa			

（1）Arahl 占花生蛋白总量的 12%～16%，是分子量为 64 kDa 的糖蛋白，等电点为 5.4，热稳定性强，耐酶解，不易消化，与豌豆蛋白的序列相似性为 40%，在自然状态下可能以较大蛋白质形式

（150~200kDa 或更大）存在。

通过对 Arahl 的二级、三级、四级结构的研究表明，Arahl 是作为一种三聚体复合物形式出现的；在二级结构水平上具有清晰的二级β折叠，其中31%是α螺旋，36%是β折叠，33%是无卷曲结构；四级结构水平上是含有 3 个单体的复合物。

当纯化后的 Arahl 加热到 80~90℃时，二级结构折叠加剧，溶解度降低。热处理实验结果表明，Arahl 是耐热的，虽然过敏原的蛋白构象发生了变化，但是其变应原性没有减弱或增强。目前，已知 Arahl 具有两种 cDNA 同系物形式，确定了对基因重组有重大作用的转录子片段，弄清了 Arahl 的基因结构。另外，对 Arah1 的抗原表位、结构及其基因的原核表达进行了深入研究，建立了气/质联用和多克隆抗体免疫检测 Arahl 的方法。

（2）Arah2　能被90%以上的花生过敏患者血清所识别。Ara h 2 约占花生蛋白总量的 5.9%~9.3%，包含两种遗传变异体，分别被命名为 Arah2.01 与 Arah 2.02，分子量分别为 18kDa 和 16.7kDa。与 Arah 2.01 相比，Arah 2.02 在 72~83 号位点上缺失了一条长度为 12 个氨基酸的序列。Arah 2 稳定性高、耐酶解。主要原因是 Arah 2 含有大量二硫键，用以保持其结构稳定。在破坏二硫键的情况下，可以大大增加其水解敏感性。Arah2 具有典型的胰蛋白酶抑制剂的结构，并且经过烘烤处理后，Arah2 蛋白的抑制剂活性被显著提高，但是通过破坏其二硫键，可以降低它的抑制剂活性。而且 Arah2 与 Arah1、Arah3 会引起 IgE 交叉反应。包含 10 个线性 IgE 结合位点。

相对于其他致敏性的 2S 清蛋白而言，Arah2 是作为连续的多肽链出现的。因 Arah2 内部精氨酸密码子数量较多，所以，其基因表达水平因菌株和表达载体的不同而有差异。尽管 Arah2 被公认为是花生过敏原的重要组分，但该家族蛋白的空间结构、热稳定性以及免疫学检测等信息仍比较缺乏。

（3）Arah3　具有低聚态稳定结构，含有两个遗传变异体，分别被命名为 Arah 3.01 和 Arah 3.02。Arah 3.01 可被44%以上的花生过敏患者血清所识别，在天然状态下是一个分子量达到 300 kDa 以上的六聚体蛋白聚合物，可降解为一系列分子量为 60 kDa 的亚基。Arah 3.02 在 2010 年前被命名为 Arah 4。后来通过比对两者蛋白质一级结构序列发现它们有 93.9% 的相同氨基酸序列，因此，它们被认为是同源过敏原，原命名法 Arah 4 被取消。Arah 3.02 能被 53% 以上的花生过敏患者血清所识别。据 cDNA 研究分析发现，Arah 3.01 和 Arah 3.02 与蛋白酶抑制剂的结构相似，推测 Arah 3.01 和 Arah 3.02 具有蛋白酶抑制剂活性。Arah 3.01 和 Arah 3.02 中包括 4 个相同的线性 IgE 结合位点。

（4）其他花生过敏原组分　与前 3 种花生过敏蛋白相比较，后 9 种花生过敏原研究较少，信息不完善。其中，Arah 5 是抑制蛋白家族（profilin）中的一种结构蛋白，用于控制肌动蛋白的聚合作用。Arah 5 的三维空间结构与 Hev b8、Bet v2 相似；Arah 6 属于 2S 白蛋白，在花生中含量很低，其与 Arah 2 有 59% 的同源性，而且热稳定性好，耐酶解；Arah 7 含量极低，也属于 2S 白蛋白，与 Ara h 2 蛋白氨基酸序列有 35% 的相似度，且含有 2 种遗传变异体，分别命名为 Arah 7.01 和 Ara h 7.02 [53]，两者序列具有 70.8% 的相似度，自 126 号位点开始区别较大；Arah 8 热稳定性差，不耐酶解，也有两种遗传变异体，分别命名为 Arah 8.01 和 Arah 8.02，具有 52.5% 的相似度，61~119 号位点区别较大。Arah 9 是一种非特异性的脂转运蛋白（nsLTP，nonspecific lipid transfer protein），耐酶解、耐高温，具有两种遗传变异体，分别命名为 Arah 9.01 和 Arah 9.02，具有 71.5% 的相似度，1~27 号位点区别较大。Arah 10 和 Arah 11 属于油质蛋白，主要来自花生油脂中。Arah 10 有两种遗传变异体，分别命名为 Arah 10.01 和 Arah 10.02，具有 86.9% 的相似度，自 150 号位点以后区别较大。Arah 12 和 Arah13 属于防卫素。

在花生过敏患者的血清 IgE 结合实验中，70%（13 个结合条带/19 个条带）的结合条带位于 17~63kDa，同时过敏患者血清在 15kDa、10kDa、30kDa、18kDa 条带处也有很高的比例。这一结果表明，其他分子量的蛋白组分也是重要的花生过敏原。李宏等（2001）研究表明，在花生过敏患者中，有的病人对7种过敏组分过敏，大多数病人对2种或2种以上的组分过敏，仅有少数病人对其中的1种过敏，不同的花生过敏患者其过敏组分也有所不同。所以，开展其他花生过敏原组分的研究，意义也是非常重大的。

2. 食物过敏的免疫机制及花生过敏临床症状

食物过敏又称食物变态反应（Food allergy），是指食物进入人体后，机体对之产生异常免疫应答，导致机体生理功能的紊乱或组织损伤，进而引发一系列临床症状，如皮炎、哮喘等。变态反应按照发生机制的不同，习惯上被许多学者分为Ⅰ~Ⅳ型，食物过敏属于Ⅰ型即时性过敏。食品过敏原的免疫效应机制包括细胞免疫，但IgE介导的免疫应答是食品过敏的主要效应，包括致敏和发敏两个阶段：一定量的过敏原诱导易感个体产生足够量的IgE，IgE通过血循环分布全身，并与肥大细胞（MastceH，MC）、嗜碱性粒细胞（Basophil，Bas）膜表面特定的受体结合，从而使机体处于致敏状态。当再次接触含相同或相似过敏原成分的食品时，过敏原分子特异性识别致敏细胞膜表面的IgE，诱导细胞脱颗粒释放炎症介质而触发食物过敏症。花生过敏同其他食物过敏一样属于即时性过敏，但是与其他食物过敏的不同处在于，花生过敏病人的这种疾患是终身的，即病人不会随着年龄的增长而对花生的过敏性消失。花生过敏最常涉及的靶器官是胃肠道，几乎100%的过敏病人都表现有口周皮肤和口咽黏膜的过敏反应，其他主要过敏靶器官包括皮肤和呼吸系统，花生过敏有时可引起过敏性休克，甚至危及生命。

3. 花生过敏原检测方法

为有效控制食物过敏性疾病发生，充分了解过敏性食物中过敏原情况，建立准确有效检测方法是必不可少的。检测食物中花生过敏原成分主要有两类方法：第一类是基于过敏原基因残留检测的方法，如聚合酶链式反应（PCR）；第二类是基于致敏蛋白检测的方法，如酶联免疫吸附法（ELISA），表面等离子共振法（SPR）和质谱法。

（1）聚合酶链式反应法（PCR法）　　PCR是一种以检测DNA/RNA为基础的方法，该方法较早地被应用于过敏原的检测。目前，传统PCR和Real-time PCR已经广泛应用于国内外食品中花生过敏原成分的检测，具有高灵敏度、特异性强等优点。在食品加工过程中经常采用热处理方法，会使致敏蛋白结构被破坏，而花生过敏原基因DNA即使经高温长时间处理，也仍能保持一定的完整性。相比检测花生过敏原蛋白成分的方法，检测花生过敏原基因DNA的残留就显得更加可靠，检测限达到2~50mg/kg。但是，PCR技术是基于DNA的检测技术，而不直接检测致敏蛋白，现代食品工业技术可以将蛋白质与DNA等其他物质完全分离，这样也就给PCR检测带来了无法逾越的困难。

（2）酶联免疫吸附法（ELISA法）　　ELISA法利用抗体抗原之间的特异性反应直接检测致敏蛋白。它是花生过敏原检测的常用方法之一，ELISA法检测时间短、灵敏度高、特异性强。目前，用于花生过敏原的检测方法有双抗夹心ELISA法和竞争ELISA法，已经建立了Ara h 1、Ara h 2和Ara h 6的ELISA检测方法，检测限为0.5~16.5mg/kg。但是，由于加热过程会改变蛋白质的一级结构，导致抗体无法正确识别被检测过敏原，产生假阴性现象。此外，采用抗原抗体技术不可避免会产生交叉反应，导致假阳性现象，所以ELISA无法用于花生致敏蛋白的准确测量。

（3）表面等离子共振法（SPR）　　表面等离子共振（SPR）技术是基于生物芯片技术的一种新型检测方法。芯片表面会与待分析物结合，导致折射率发生变化，其折射率的变化和结合的待分析物质量成正比，利用此原理可建立定量检测方法。SPR也采用了抗原抗体技术，继承了ELISA法特异性强、灵敏度高的优点；同时与ELISA法相比，SPR法采用了自动化进样过程，提高了该方法的再现性。该法不需要在抗体上耦合标记物，即可达到与ELISA法相似的灵敏度。目前，SPR技术主要应用于检测生物分子相互作用的研究、临床医学诊断、小分子物质的检测以及过敏原检测。结合SPR法与纳米磁珠抗体提取技术，可快速准确检测巧克力中花生过敏原 Arah 1，检测限在 0.09g/mL。由于同样采用抗体抗原技术吗，SPR 法具有与 ELISA 法相类似的假阳性、假阴性等缺点。

（4）仪器法　利用仪器法检测致敏蛋白的相关报道并不多，主要原因为标准品缺乏。在无法获得标准品的情况下，利用传统的仪器法无法建立定量和定性检测方法。除此之外，传统的蛋白质分离手段主要有液相色谱法和毛细管电泳法。但是花生蛋白质之间的理化性质较为接近，采取上述方法无法使蛋白质之间达到基线分离，甚至一些极为相似的蛋白质根本无法分离。同时，由于蛋白质在氨基酸序列上存在天然变异，各遗传变异体的保留时间不同，产生多重峰的现象，增加了检测难度。因此，上述方法特异性差、灵敏度低，检测限只能达到 $5 \sim 15\mu g/ml$，不适用于检测食品基质中微量或痕量致敏蛋白。

利用 ESI-单四级杆质谱检测器可以部分解决上述问题。质谱检测器利用不同蛋白质的质荷比差异，可以将液相无法分离的蛋白质通过质谱检测器进行区分。蛋白质在通过电喷雾电离后主要呈现多电荷分布，其电荷分布情况与流动相 pH、仪器等因素有关。选择一种或者几种质荷比进行检测是当今学术界争论的焦点。但是在食品加工过程尤其加热过程中，蛋白质易变性，产生聚合产物和美拉德反应产物。蛋白质的变性会导致色谱、质谱行为发生变化，所以经过热处理的花生致敏蛋白无法应用以上方法进行检测。

另一种检测策略将蛋白质组学与液质联用定量检测技术结合，通过对目标蛋白进行酶切，筛选出特异性肽段，建立 MRM 定量检测方法。采用液质联用法检测冰激凌中 Arah1 的特异性肽链，检测限达到 10mg/kg，随后通过优化蛋白提取过程，将黑巧克力中 Arah1 检测限降低至 2mg/kg。

上述花生过敏原的检测方法或多或少存在着不足，使得定量结果准确度欠佳。如现在的食品加工工艺完全能做到将食品中花生过敏原的 DNA 基因片段分离除去，使 PCR 法无法准确检测该食品中含有的花生过敏原。而食品加工工艺，如加热等过程，经常会破坏花生致敏蛋白的一级结构，使 ELISA 法和表面等离子共振法的检测结果出现假阴性。另外，其他一些仪器法检测方法也存在无法检测热变性蛋白的局限性。因此，建立一个既能直接检测致敏蛋白又能检测变性蛋白的检测方法用于食品中的花生过敏原的定量测定无疑是非常必要的。针对上述问题，蛋白质组学结合液质联用法无疑是一个在未来具有巨大发展潜力的方法。该方法检测目标蛋白酶切产生的特异性肽段，能直接检测目标蛋白和变性蛋白，选择以同位素标记的特异性肽段作为内标，可以解决其基质干扰所带来的一系列问题。此外，该方法还具有特异性强、灵敏度高、定量准确等优势，因此该方法有良好的应用前景。

4. 花生脱敏方法

目前，有关花生过敏原的研究报道多集中于医疗卫生和食品加工领域。临床医学上通过免疫或药物处理等方法来预防和治疗病人的过敏反应，目前还不能有效地解决花生过敏问题。

在食品加工中，采用物理化学法和酶解法去除花生过敏原。物理化学法不能显著降低致敏原的过敏性，且对食品的营养成分和色香味造成破坏。酶解法具有高效、反应温和、可控、专一性强等优点，但成本很高。随着生物技术的发展，基因工程被应用到花生脱敏的研究中，通过基因沉默来抑制花生过敏原的表达，达到脱敏的目的。国内外研究者对此进行了有益的探索，但尚未取得大的突破。美国学者通过基因操作技术培育低致敏原花生品种，目前已取得一些进展。

二、化学性危害

食品化学性污染是指在食品及其原料的生产和加工过程中，农药和兽药残留、重金属、各种食品添加剂、运输和包装材料中有毒物质、多氯联苯、苯并芘等有毒有害的化学物质对食品的污染。目前我国花生食品的化学性污染主要是植物生长调节剂、农药残留、重金属、食品添加剂、食品容器包装材料污染等。

（一）植物生长调节剂污染

为控制高产高肥花生的徒长问题，我国花生生产上较多地使用生长调节剂，如乙烯利、矮壮素、萘乙酸和丁酰肼（比久）等。其中，丁酰肼对花生的污染比较突出。丁酰肼是广谱性琥珀酰肼类植物生长调节剂，可抑制内源激素赤霉素的生物合成，从而抑制新枝徒长，缩短节间，增加叶片厚度及提高叶绿素含量。目前，花生中丁酰肼已成为继黄曲霉毒素后又一重要污染源。但丁酰肼在花生中的残留量的研究还比较少，日本、韩国、澳大利亚等主要花生进口国先后制定了丁酰肼的残留限量标准，其中日本、韩国规定花生中不得检出丁酰肼，澳大利亚规定花生中丁酰肼最大残留量不得超过 20mg/kg。

（二）农药残留污染

气候高温多湿的地区，有利于病虫草害的滋生和危害。在花生整个生长过程中，为防治病虫草害，生产上使用了各种不同种类的农药，如多菌灵、百菌清、涕灭威、甲胺膦等，以及各种除草剂。我国花生大量使用的农药有 60 多种，其中 40%~50% 残留于土壤中，必然造成产品、土壤和水体的污染，我国花生中农药残留的限量标准如表 1-2 所示。

表 1-2　我国花生中农药残留的限量标准

农药名称	主要用途	最大残留量（mg/kg）
百菌清	杀菌剂	0.05
多菌灵	杀菌剂	0.10
灭线磷	杀虫剂	0.02
涕灭威	杀虫剂	0.02
特丁磷	杀虫剂	0.05
苯线磷	杀虫剂	0.05
甲拌磷	杀虫剂	0.10

（续表）

农药名称	主要用途	最大残留量（mg/kg）
氰戊菊酯	杀虫剂	0.10
吡氟甲禾灵	除草剂	0.10
异丙甲草胺	除草剂	0.50
甲草胺	除草剂	0.50
烯禾定	除草剂	2.00

（三）重金属污染

近年来，工业废水、废气、废渣的大量排放，以及作物种植过程中过量施用农药和化肥，造成我国大量土壤重金属含量超标严重，农作物通过根系从土壤中吸收并富集重金属，作物中积累的重金属可通过食物链进入人体而给身体健康带来潜在危害。目前花生食品中最主要的重金属污染是镉、铅、铬污染。据研究，重金属镉在人体内含量超标会引起痛风等症状。《国际卫生法典》规定，花生食品重金属镉含量不得高于 0.20mg/kg，美国花生镉含量一般为 0.10~0.17mg/kg，而我国花生重金属镉一般为 0.20~0.30mg/kg。为保障花生食品安全，保证人民身体健康，防止重金属污染的工作亟待加强。在花生食品加工过程中使用的机械、管道等与食品摩擦接触，会造成微量的金属元素掺入食品中，引起污染。贮藏食品的大多数金属容器含有重金属元素，在一定条件下也可污染食品。

（四）氧化酸败生成的醛、酮、醇、碳氢化物及环氧化物等低分子物质

花生及其制品由于含有大量不饱和脂肪酸，在贮藏时受氧、水、光、热及微生物的影响，会逐渐水解和氧化而变质酸败，生成油脂酸败特征的醛、酮、醇、碳氢化物及环氧化物等低分子物质，而产生异

味，对食品的质量安全和人们的身体健康造成极大危害。

（五）反式脂肪酸

反式脂肪酸又称为逆态脂肪酸，属不饱和脂肪酸，指至少含有一个反式构型双键的不饱和脂肪酸，一般是由 4~24 个碳原子组成的线形链，双键 2 个碳原子上结合的 2 个氢原子分别在碳链的两侧，在室温下呈现固态。反式双键的存在使脂肪酸的空间构型产生了很大的变化，反式脂肪酸分子呈刚性结构，性质接近饱和脂肪酸。空间结构的改变使反式脂肪酸的理化性质也产生了极大改变，最显著的是熔点，一般反式脂肪酸的熔点远高于顺式脂肪酸，如油酸的熔点是 13.5℃，室温下呈液体、油状，反式油酸的熔点为 46.5℃，室温下呈固态、脂状。

人体过量摄入反式脂肪酸，会引起血清总胆固醇和低密度脂蛋白胆固醇的升高，有导致或加重冠心病的可能性，有增加心血管疾病和糖尿病的危险。鉴于反式脂肪酸对人体的不利影响，美国、加拿大等国家已立法在食物上标示反式脂肪酸的含量。近几年，我国也开始关注食品中反式脂肪酸问题，但还没有相关的立法或规范。

花生中一般不含反式脂肪酸，但是花生油在生产、加工成食用油过程中将可能生成反式脂肪酸，同时花生油的烹饪过程也会生成反式脂肪酸，因为研究表明食用油的高温加热将导致反式脂肪酸的大量产生。

第二章 花生食品安全危害控制

一、花生种植过程中的危害控制

我国是世界上最大的花生生产国和出口国，花生在国民经济发展和对外贸易中占有重要地位。花生中含有约 50% 优质植物油和 26% 优质蛋白质，营养丰富、风味诱人，特别是富含不饱和脂肪酸、锌以及维生素 A、白藜芦醇、β-谷醇、辅酶 Q 等天然功能成分，可预防心血管病、肿瘤和糖尿病，且健脑、益智、防衰老，既是广大消费者十分喜爱的营养保健食品，又是榨油、食品加工和医药等产业的重要原料。但是，目前不良的花生生产技术和管理导致产品受到黄曲霉毒素、生长调节剂、重金属与环境中残留的农药等的污染，导致这些致癌、致畸、致毒的因子超标，不仅危害人身体健康，且对花生生产、加工、消费和出口创汇等造成了严重影响，花生的安全生产问题已越来越受到人们的关注。

（一）黄曲霉毒素污染控制

黄曲霉毒素（Aflatoxin，AFT）是黄曲霉（*Aspergillus flavus*）和寄生曲霉（*Aspergillus parasiticus*）生长繁殖过程中的次生代谢产物，对人和动物具有很强的致癌作用。黄曲霉可侵染花生、玉米、棉花、向日葵等多种作物，其中又以花生和玉米较易感染。花生中常见的黄曲霉毒素主要为 B_1、B_2、G_1、G_2，其中以 B_1 毒性最强，产毒量最大。

首先，花生的生长环境、品种类型、营养状况等都会影响到黄曲霉的侵染进程。其中，影响黄曲霉菌侵染和产毒的首要因素是花生生育后期的干旱。其次，损伤的荚果比完好荚果黄曲霉毒素含量高。再次，荚果的成熟度即收获早晚也是影响黄曲霉毒素侵染程度的因素，延迟收获的花生黄曲霉感染率通常比适时收获的高 20% ~ 30%。另外，在不同的贮藏时间和贮藏条件下，花生感染黄曲霉的程度不同：贮藏 2~4 年花生种子的产毒量显著高于贮藏不足 1 年的种子，且贮藏环境对黄曲霉产毒有很大影响。贮藏温、湿度适宜，花生极易受黄曲霉侵染，从而产生 AFT。热带和亚热带地区的高温高湿气候条件十分有利于黄曲霉的生长繁殖和毒素的产生。针对黄曲霉毒素的污染，目前采用的控制措施有以下几种。

1. 加强花生田间管理

在花生种植过程中防治黄曲霉毒素污染，包括花生收获前防治地下害虫，防止花生荚果破裂，控制土壤温度和湿度，适时收获，防止花生后期干旱。对花生采取健身栽培法，生产过程中可采取综合利用地膜覆盖、适时早播等技术，避免后期干旱。花生生育后期（收获前 30~50d）干旱时及时浇水，可防止黄曲霉发生及其毒素污染。另外，花生要及时收获，收获时要防止种子破损，选晴天翻晒，干燥贮藏。

2. 传统育种方法选育黄曲霉抗性品种

近年来国内外学者一致认为，选育抗黄曲霉感染和产毒的花生品种是彻底解决花生黄曲霉毒素污染的最经济和有效的途径。中国农业科学院油料作物研究所廖伯寿研究团队培育出抗黄曲霉兼抗青枯病的高蛋白花生新品种"中花 6 号"，与其他花生品系相比，中花 6 号平均黄曲霉毒素含量低 10% 左右，抗黄曲霉能力在现有改良品种中居首位。澳大利亚培育的抗黄曲霉毒素污染品种"Streeton"与其他的易感品系相比，可以减少 50% 的污染率。福建农林大学油料作物研究所培育的闽花 6 号具有较宽的抗菌谱。但由于抗黄曲霉的种质资源匮乏，常规育种周期长，以及在不同的环境和实验室条件下，抗性鉴定的结果存在很大的差异，到目前为止国内外还没有一种花生品种能够将黄曲霉毒素水平完全控制在安全标准以下，至今尚没有大面积推广应用的抗黄曲霉品种。

3. 基因工程手段选育黄曲霉抗性品种

Eapen 等人（1994）首次报道通过农杆菌转化获得转基因花生植株，此后花生转基因技术日趋成熟。国内外研究者开始尝试培育转基因的花生品种，用于抵御黄曲霉菌等对花生的侵染及黄曲霉毒素的产生。目前国内外已报道了许多黄曲霉抗性基因，Burow 等人（1997）报道 LOX 基因与黄曲霉抗性有密切的关系，它的产物可以抑制黄曲霉生长和黄曲霉毒素的产生。庄伟建等人（2007）通过克隆 RIP 基因，经原核表达后体外检测发现 RIP 产物可以完全抑制花生黄曲霉菌的生长。将这些黄曲霉抗性基因导入花生中获得抗黄曲霉感染和产毒的花生品种是彻底解决花生黄曲霉毒素污染的最经济和有效的途径。

4. 黄曲霉毒素生物防治技术

黄曲霉毒素生物防治技术主要包括：利用不产毒黄曲霉和寄生曲霉菌株竞争抑制产毒菌株，抗菌物质抑制黄曲霉毒素产生菌等。利用强竞争能力的不产毒黄曲霉和寄生曲霉菌株竞争抑制产毒菌株，能在一定程度上抑制产毒菌株进一步侵染作物，达到抑制黄曲霉毒素产生的效果。Horn 等人（2009）提出了将不产毒的寄生曲霉菌株播撒在花生生长的土壤中能够使可食用花生中的黄曲霉毒素含量降低 83%～98%。Pitt 等人（1997）研究发现，接种不产毒黄曲霉和寄生曲霉菌株，对花生种黄曲霉毒素产生的抑制率可达 95% 以上。Horn 等人（2009）研究表明，一些不产毒菌株控制黄曲霉毒素在使用 1 次的情况下可以使毒素产生减少 70% 以上；使用 2 次可使毒素减少到 90% 以上。我国中国农业科学院农产品加工研究所刘阳研究团队、浙江大学马忠华研究团队也分离到一批不产毒的黄曲霉，并通过分子生物学检测确定这些菌株缺失多个黄曲霉毒素合成关键基因，田间施用后可使食用花生的黄曲霉毒素含量降低 95% 以上。这些不产黄曲霉毒素的竞争用菌株是从自然土壤中分离获得的，对环境和人畜安全，不存在二次污染，值得在田间接种推广使用。

（二）生长调节剂污染控制

为控制高产高肥花生的徒长问题，我国花生生产上较多地使用生长调节剂，如乙烯利、矮壮素、萘乙酸和丁酰肼（比久）等。其中，丁酰肼对花生的污染比较突出。丁酰肼是广谱性琥珀酰肼类植物生长调节剂，可抑制内源激素赤霉素的生物合成，从而抑制新枝徒长，缩短节间，增加叶片厚度及提高叶绿素含量。目前，花生中丁酰肼已成为继黄曲霉毒素后又一重要污染源。但丁酰肼在花生中的残留量的研究还比较少，日本、韩国、澳大利亚等主要花生进口国先后规定了丁酰肼的残留限量，其中日本、韩国规定花生中不得检出丁酰肼，澳大利亚规定花生中丁酰肼最大残留量不得超过 20mg/kg。

由于生长调节剂丁酰肼（比久）的残留污染，生产上对于花生的徒长问题可采用喷施多效唑和研制新型生长调节剂替代丁酰肼使用，绿色食品栽培可人工摘除植株第 1 对、第 2 对侧枝的生长点，不使用任何化学植物生长调节剂，可有效防止花生徒长。

（三）农药残留污染控制

气候高温多湿的地区，有利于病虫草害的滋生和危害。在花生整个生长过程中，为防治病虫草害，生产上使用了各种不同种类的农药，如多菌灵、百菌清、涕灭威、甲胺磷等，以及各种除草剂。我国花生大量使用的农药有 60 多种，其中 40%～50%残留于土壤中，必然造成产品、土壤和水体的污染。

针对农药残留问题，调整花生生产布局和品种结构，采取绿色环保栽培措施，开展生态农业建设。为更好地防止花生病虫害的发生，生产基地最好以 2～3 年轮作地为好。争取不用或少用农药，或采用生物制剂替代，严禁使用高毒、高残留的有机磷农药。

（四）重金属污染控制

目前最主要的重金属污染是镉、铅、铬污染。据研究，重金属镉在人体内含量超标会引起痛风等症状。《国际卫生法典》规定，花生食品重金属镉含量不得高于 0.20mg/kg，美国花生镉含量一般为 0.10～0.17mg/kg，而我国花生重金属镉一般为 0.20～0.30mg/kg。为保障花生食品安全，保证人体健康，防止重金属污染的工作亟待加强。

针对重金属污染问题，应重点开展环境保护和土壤综合治理工作，尽量降低土壤重金属含量。施肥应根据花生生长发育规律、营养特点、土壤肥力和目标产量、质量等因素进行科学施肥，采取配方平衡施肥，尽量施用花生专用生物肥，或腐熟的有机肥，取代重金属含量超标的化肥，增施石灰对土壤进行调酸、补钙，尤其减轻花生籽仁中的重金属含量。

二、花生贮藏过程中的危害控制

（一）黄曲霉毒素污染控制

1. 严格控制花生贮藏条件

（1）严格控制入库花生水分含量　为降低贮藏过程中的黄曲霉毒素污染风险，贮藏过程中应控制花生水分降至安全水分。花生储存的安全水分界限为：花生果 9%～10%、花生仁 8%～9%。近年来，中国农业科学院农产品加工研究所邢福国对花生水活度调控黄曲霉生长及产毒的机制进行了系统研究，明确了水活度比水分含量更能反映花生黄曲霉毒素污染风险，确定了花生贮藏水活度质控指标 $a_w < 0.80$。当收购的花生原料水分超过安全水分时，应及时采取适当措施降低水分，同时，在此期间应加强黄曲霉毒素的检测监控工作。

（2）贮藏库要清洁干燥　加工企业应使用清洁干燥、防虫防鼠措施完备的仓库贮藏花生原料及成品。因条件限制，需使用露天货场存放花生原料时，应确保货场清洁卫生，地面平整、无积水，踩底垫高并合理铺垫，防止水浸受潮，堆垛要封盖严密，防止水淋。

（3）分类贮藏　原料和成品应分区储存。应根据不同产地、不同品种、不同水分及黄曲霉毒素的检验结果分类储存，并保证在后续工序中不被混淆。

（4）严格控制贮藏库的温湿度　花生入库初期，呼吸强度大，散发热量和水分多，要注重通风，以排湿降温，避免闷仓。定期检查贮藏场库的温湿度，贮藏期间温度应保持在 15℃ 以下，相对湿度 70% 以下，以防止霉变发生。5 月 1 日至 10 月 1 日期间，花生原料及成品的贮藏温度保持在 10℃ 以下，相对湿度 70% 以下。当储存温度超过上述要求时，加工企业应采取措施，并加强黄曲霉毒素的检测监控。

2. 花生贮藏过程中植物精油抑制黄曲霉毒素污染

国内外多位学者研究发现，山苍子油能够显著抑制黄曲霉的生长和黄曲霉毒素的产生，同时山苍子油具有天然、无毒、易挥发的优点，十分适合用于花生贮藏过程中黄曲霉毒素污染的防控。Rajaram 等人（2010）从胜红蓟中提出一种挥发性精油，发现该精油能够有效地抑制黄曲霉菌株生长和黄曲霉毒素的积累。在固体培养基上，精油浓度 1 500mg/kg 时可完全抑制黄曲霉的生长；在液态培养基中，精油浓度 0.75mg/ml 时完全抑制了黄曲霉的生长，浓度 0.5mg/ml 时对产黄曲霉毒素的抑制率达 84%，并指出其机理和该精油的抗氧化能力相关。而 Bluma 等人（2008）的研究发现博尔多树油对黄曲霉有显著的抑制效果，在 MMEA 培养基上能使黄曲霉的生长延滞期达 35 天，且 a_w 越低该效果越强。罗曼等（2001）系统研究了山苍子油主成分柠檬醛抑制黄曲霉生长及黄曲霉毒素产生的分子机理，发现柠檬醛可以破坏黄曲霉细胞壁、细胞膜结构，影响细胞质膜的通透性和生物功能；破坏线粒体结构，影响其生物代谢功能；干扰细胞内大分子拥挤环境及大分子缔合状态。罗曼等人（2001）还发现柠檬醛具有降解黄曲霉毒素的功能。中国农业科学院农产品加工研究所邢福国等系统比较了山苍子油、丁香酚、肉桂醛、柠檬醛、桉叶油、茴香油、樟脑油和薄荷油等植物精油对黄曲霉生长和产毒的抑制效果，发现肉桂醛和丁香酚可有效抑制黄曲霉的生长及产毒，肉桂醛的抑制作用显著高于丁香酚，在粮油含水量为13%时100μl/L肉桂醛对AFB_1的抑制率高达98.9%。机理解析表明，在较高浓度下植物精油主要通过抑制黄曲霉生长而抑制黄曲霉毒素的产生，而在较低浓度下则通过调控胞内活性氧浓度下调毒素关键调控因子和合成结构基因的表达而抑制黄曲霉毒素的生物合成。

3. 涂膜抑制花生贮藏过程中黄曲霉毒素污染

壳聚糖涂膜可以有效抑制花生仁在贮藏过程中黄曲霉毒素含量的增加，且对其他营养物质无显著影响。壳聚糖的浓度、制膜液的pH值和溶解温度对膜的特性有影响。包装条件对黄曲霉毒素含量影响不大，贮藏温度对黄曲霉毒素含量影响显著。在涂膜材料中加入柠檬醛后，抑制黄曲霉毒素的效果更佳。根据实验结果，结合生产实际，得出最佳涂膜贮藏条件为：cps150的壳聚糖 + 1.5%制膜液浓度 + 0.025%柠檬醛添加量 + 15℃贮藏温度。在选定的最佳条件下，花生贮藏180天，黄曲霉毒素B_1及总量均低于欧盟制定的标准，可以满足出口条件。

4. 惰性气体抑制花生贮藏过程中黄曲霉毒素污染

黄曲霉菌的生长和孢子的形成、萌发都需要氧气，因此减少贮藏库中氧气含量，而增加惰性气体氮气、二氧化碳等的含量，则能够显著抑制黄曲霉的生长和黄曲霉毒素的产生。但是，这种黄曲霉毒素控制技术要求贮藏库必须是密闭的，因此其推广应用受到了一定的限制。江西省农业科学院冯建雄研究员团队研制出了系列花生气调密闭贮藏技术及配套设备，主要是通过用CO_2或N_2置换，降低花生储藏环境中O_2的浓度来抑制黄曲霉生长及产毒，一年贮藏实验结果表明所有气调密闭贮藏的花生均未检出黄曲霉毒素污染，并且花生品质与新鲜花生高度一致。

（二）氧化酸败

花生及其制品由于含有大量不饱和脂肪酸，在贮藏过程中受氧、水、光、热及微生物的影响，会逐渐水解和氧化而变质酸败，生成油脂酸败特征的醛、酮、醇、碳氢化物及环氧化物等低分子物质，而产生异味，对食品的质量安全和人们的身体健康造成极大危害。对花生氧化酸败的控制技术主要有以下几项。

1. 添加抗氧化剂

抗氧化剂是指能防止食品成分因氧化而导致变质的一类添加剂，具有抑制氧化降解的化合物有很多，但只有少数能用于人类食用。目前国内常用的抗氧化剂主要有：叔丁基对苯二酚（TBHQ）、二丁基羟基甲苯（BHT）、丁基羟基茴香醚（BHA）、没食子酸丙酸（PG）、茶多酚和迷迭香酚等。

延缓花生及其制品氧化酸败最常用的方法是添加抗氧化剂，以期达到延长食品货架期和提高食品安全性的目的。陈俊标等人（2005）研究表明，不同抗氧化剂对花生油的抗氧化活性不同，复配型抗氧化剂的抗氧化活性优于单一剂型，其中以添加 TBHQ 和 BHA 的效果最好。胡秋林（2000）采用"Schaal 耐热试验法"，选择合适的抗氧化剂，确定了防止油炸裹皮花生在贮藏期发生脂肪氧化酸败所使用抗氧化剂的比例与添加量，并通过常温贮藏实验论证了其在防止酸败变质方面的有效性。

抗氧化剂防止油脂氧化效果良好，只需微量抗氧化剂就可达到防止氧化的目的，但其毒理学是需要注意的安全性问题。在毒理学研究的基础上，FAO/WHO 为每一种添加剂建立了一个 ADI 值（可接受的每日摄入量，Acceptable Daily Intake），为人们在食品中的使用做出了相关的规定，以保证其使用安全性。

许多植物体中都含有天然抗氧化成分，其毒性远远低于合成抗氧化剂。目前已有开发利用香辛料及中草药中天然抗氧化剂的报道。刘书成等人研究了大蒜精油对花生油的抗氧化性能，发现大蒜精油对花生油具有较强的抗氧化作用，且具有剂量效应关系。黄景仕等人（2009）的研究表明在花生油中添加花椒油，能有效减缓花生的氧化速度，提高花生油的抗氧化稳定性。

2. 吸氧剂

吸氧剂加入到密闭的花生食品包装物中，能与残留在包装中的氧气或溶解在食品中的氧反应，使食品包装中的氧得以清除，从而达到保护花生食品和油脂不被氧化的目的。作为食品添加剂使用的吸氧剂有 L- 抗坏血酸、抗坏血酸和棕榈酸酯等，它们都能有效清除密闭容器中的残余氧，从而起到防止氧化的作用。该法的缺点是当密封容器开封后，瓶中油脂直接与空气接触，吸氧剂很快被消耗，对花生制品的保护作用丧失，油脂很快被氧化，从而导致食用不安全。

3. 充氮气

氮气是一种惰性气体，它不会与油脂含量高的食品发生化学反应，对人体也没有危害，利用氮气将花生与空气隔开，能有效地避免氧化酸败。充氮保鲜具有成本低、效果好和安全性高的特点，因而广泛应用于花生油的贮存以及精炼过程中。益海（连云港）粮油有限公司根据多年的充氮储油经验，总结出"油气同注—补充氮"的使用方法，代替了使用多年的"抽气—充氮—补充氮"老工艺，新的充氮工艺不仅取消了"抽气"工艺过程，而且氮气的使用量明显减少。然而与吸氧剂相类似的问题是容器开封后，容器内氮气被空气替换，油脂会迅速氧化酸败。

三、花生食品加工过程中的危害控制

（一）花生食品加工过程中微生物危害控制

花生食品非常容易受到细菌、霉菌等各种微生物的污染，如2009 年 2 月，美国食品及药物管理局发现美国花生公司在乔治亚州的一家花生加工厂生产的花生酱受到沙门氏菌感染，这次事件至少造成 575 人患病，其中一半以上是儿童，有可能与 8 人死亡有关。美国花生公司位于得克萨斯州的花生加工厂生产的花生粉也被检出沙门氏菌超标。美国花生公司自 2007 年以来已发现 12 起沙门氏菌感染事件。微生物菌落总数超标，存在于生产、储运、销售等诸多环节，随着包装技术的进步，在储运及销售环节的二次污染防控能力逐步加强。但在生产过程中的冷却工序、内包工序及灌装工序的细菌二次污染存在许多不可控因素，绊倒了不少品牌企业，成为企业与行业健康发展的一大威胁。花生食品加工过程中微生物危害控制措施主要有以下几种：

1. 设施设备的卫生

分析每种产品、每个生产工段的设施设备在保持卫生方面应采取的措施，包括防蝇、防鼠、防蟑螂，空气净化（防止细菌和尘埃飘落），防止铁锈油漆剥脱、落屑及其他防止异物的措施等。

2. 机械器具的卫生

生产加工过程中使用的各种用具、容器、机械类、管道、灶台等均不能有细菌、霉菌生存繁殖的死角。这里需要强调的是实行机械化、管道化、密闭化的同时，必须重点把握住管道内彻底的洗涤消毒。否则，这种管道化、密闭化就增加了细菌、霉菌生长繁殖的死角和条件，提高了产品的污染风险。

3. 从业人员的个人卫生

所有从业人员必须经过卫生知识培训及格和体格检查及格，要有良好的个人卫生习惯。如工作服清洁、合体，生产前和便后洗手消毒，销售时不用手抓直接入口的食品等。

4. 控制微生物的繁殖

微生物得以繁殖需具备 3 个基本要素，即水分、温度、养分。在处理水分多的食品原材料的企业，能控制的就是温度，与此有密切关系的是时间。在规定工艺总体温度控制（包括加热烹调与灭菌工艺）的同时还需要规定各工段温度控制的基本时间。

5. 日常的微生物监测监控

花生食品企业必须建立日常的微生物监测监控体制，并确实地实行。这一工作不仅限于对成品、原材料采样检验，还要求按工段采工段样品，检验容器、工具机械等。还应该制定企业内控标准（指标应该与国标接轨），按企业标准（不仅是成品）检查每个工段每批产品过程是否都能达标。

2009 年 6 月食品安全法实施之后，国内企业的食品安全意识日益增强。对于产品质量，消费者会通过他们的购买进行判断，那些提供高品质产品以及在食品生产过程中严格遵循相关质量标准的企业将最终获得消费者的青睐。对于食品生产企业无论手工生产还是自动化生产，HACCP 都是一个非常好的工具，建议食品企业严格遵循 HACCP 要求，广泛开展食品安全保障工作。

（二）花生食品加工过程黄曲霉毒素的控制

世界各国的许多食品原料和制成品均遭受到黄曲霉菌不同程度的污染。一般在热带和亚热带地区的污染比较严重，同时这些地区也是肝癌的高发区。我国于 1972—1974 年进行全国食品中黄曲霉毒素 B_1 的普查工作，发现黄曲霉毒素的污染也有地区和食品种类的差别。长江沿岸以及长江以南地区黄曲霉毒素污染严重，北方各省污染很轻。各类食品中，花生、花生油等相关花生制品、玉米污染严重，大米、小麦、面粉等污染较轻。1992 年对我国部分省市的粮油食品中黄曲霉毒素污染进行调查，结果发现花生样品污染率高达 55.6%。2002—2011 年，花生黄曲霉毒素超标事件占我国食品出口欧盟总违例事件的 34.5%，成为制约我国食品出口贸易的首要因素。花生食品加工过程中加强对黄曲霉毒素的控制是提高花生食品质量安全的重要前提。

1. 严格控制花生食品中的水分

食品水分含量和环境温湿度是影响霉菌生长与产毒的主要条件，应严格控制花生食品加工原料的水分含量在 8% 以下，水活度在 0.80

以下，这样可以抑制霉菌的繁殖。降低水分的方法有日晒、风干、烘干及远红外线干燥、微波干燥等技术。

2. 添加防霉剂

在花生食品生产加工过程中，适量使用苯甲酸钠、水杨酸、生物防霉剂、植物精油复合防霉剂等，对防止霉菌污染有较好的作用，但须注意其使用剂量及残留量不能超过国家标准。

3. 霉变花生筛选

黄曲霉毒素在花生食品中分布极不均匀，以霉变、破损、长芽、皱皮及变色花生粒最为集中。因此只要将其拣除，花生样品中毒素含量将大大降低，甚至递减到无毒。中科光电、合肥泰禾光电等公司已经开发出 CCD 类型的花生色选机，利用彩色高清晰 CCD 图像采集系统，准确地检测出霉变、带有斑点和发芽的花生，但该技术对黄曲霉毒素污染花生的筛选不具有专一性。中国农业科学院农产品加工研究所研制了霉变花生激光分选机，可以特异性剔除黄曲霉毒素污染的花生，剔除准确率在 96% 以上。

4. 紫外光照射处理

黄曲霉毒素在紫外光照射下不稳定，可用紫外光照射去毒。该法去毒对花生油等液体食品效果较好，而对花生粉等固体食品效果不明显。应用辐射法，必须注意照射的剂量和照射时间，以不影响食品的感官和理化性质为宜。

5. 碱处理法

碱炼是油脂精炼的一种加工方法，在油脂中加人 1% NaOH 溶液，黄曲霉毒素内酯环即可破坏，形成香豆素钠盐。后者可溶于水，故加碱后再用水洗可将毒素去除。加碱水洗可使油中黄曲霉毒素降至标准以下，甚至不能检出。

6. 花生加工黄曲霉毒素全程绿色防控技术体系

中国农业科学院农产品加工研究所联合山东农业大学、农业部南京农业机械化研究所、鲁花集团等国内优势科研单位、高校和企业，自 2008 年起在公益性行业（农业）科研专项"粮油真菌毒素控制技术研究（201203037）"、973 计划项目"主要粮油产品储藏过程中真菌毒素形成机理及防控基础（2013CB127800）"、国家重点研发计划课题"生鲜食用农产品水活度和微生物调控品质劣变机理（2016YFD0400105）"等国家主体科技计划项目的支持下，针对我国花生加工产业长期存在黄曲霉毒素防控机制不清、控制和脱毒技术落后、装备缺乏等突出问题，开展了花生加工黄曲霉毒素全程防控技术攻关，建立了黄曲霉毒素防控和脱毒理论体系，研发出了花生加工黄曲霉毒素全程防控技术与装备，实现了花生加工黄曲霉毒素防控和脱毒技术的革新，2016 年获中国农业科学院杰出科技创新奖（一等奖）和中国农业科学院"十二五"农产品质量安全亮点研究成果奖。项目总体思路与技术路线如图 2-1。

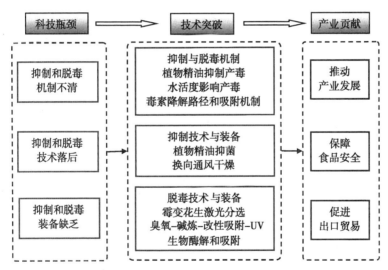

图 2-1 花生加工黄曲霉毒素全程绿色防控技术攻关项目技术路线

该成果揭示了植物精油通过下调合成基因表达抑制黄曲霉毒素形成的分子机制，阐明了毒素降解产物和路径以及吸附去除机制，建立了黄曲霉毒素防控和脱毒理论体系，为花生加工黄曲霉毒素全程绿色防控奠定了理论基础。研发了花生黄曲霉毒素植物精油抑制和换向通风干燥抑制技术与装备，实现了花生黄曲霉毒素的绿色高效防控，解决了花生原料黄曲霉毒素污染问题。发明了霉变花生激光分选技术与装备，创新了花生加工黄曲霉毒素降解和吸附脱毒技术与装备，实现了花生加工黄曲霉毒素脱毒技术的革新，解决了脱毒技术落后、装备缺乏的难题。

特别是针对花生油生产，研发了黄曲霉毒素湿法臭氧脱毒技术，研制了花生油生产臭氧脱毒设备，优化确定了花生油碱炼脱毒工艺，发明了毒素有机改性吸附剂，创新了 UV 脱毒设备；创建了臭氧蒸炒—碱炼—改性吸附剂吸附—UV 照射脱毒技术体系，实现了花生油生产黄曲霉毒素的高效、安全脱毒，与现有花生油生产工艺相比对黄曲霉毒素的脱毒率由 42% 提高到 95% 以上，能够确保将黄曲霉毒素 B_1 超标 1 倍（含量为 40μg/kg）的花生油中毒素完全脱除，并且对花生油营养、风味无影响。

（三）花生食品加工过程中苯并芘的控制

苯并（a）芘（Benzo[a]pyrene）是世界公认的强致癌物之一（图 2-2）。它来源于煤、石油、煤焦油、烟草等一些有机化合物的热解或不完全燃烧，广泛存在于空气、水、土壤、芝麻及其他植物产生的烟和食物中，可以通过呼吸、摄入和接触等途径进入人体。研究表明苯并（a）芘是一种强致癌的物质，可损伤生殖系统，易导致皮肤癌、肺癌、上消化道肿瘤、动脉硬化、不育症等疾病。

食用油脂本身并不含有或很少含有此类物质，但在种植、加工、运输和烹调过程中，往往受到污染。世界各国规定了食用油脂中苯并（a）芘的最大残留限量，欧盟 208/2005 号文件规定食用油脂中苯并（a）芘的最大限量为 2μg/kg，我国 GB 2716—2005《食用植物油卫生标准》规定苯并（a）芘最大限量为 10μg/kg。

花生油生产加工过程中，如果生产设备、厂房环境、包装材料等不符合相关标准，花生油生产加工温度过高，都容易导致花生油等花生食品苯并（a）芘超标。如 2012 年 12 月香港环境卫生署（食环署）食物安全中心监测发现由山东省青岛市生产的一批次共 80 桶金帝浓香花生油苯并（a）芘含量超出国家标准，含量为 14 μg/kg。2013 年 1 月北京市工商局监测发现北京花旗食用油加工厂"京赐宝"黑花生油苯并（a）芘超标。

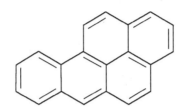

图 2-2　苯并（a）芘化学结构式

在花生食品加工过程中建议采用以下措施降低苯并（a）芘污染：

（1）加强生产环境管理　确保生产设备、厂房环境、包装材料等符合食品生产要求，尽量避免生产设备中的机油和生产输送中石油加工成分污染花生食品。

（2）加强苯并（a）芘监测　在花生食品加工工艺各环节加强对苯并（a）芘的检测，找出容易产生苯并（a）芘的工艺环节及其产生原因，制定具有针对性的控制措施。

（3）推广花生油低温冷榨生产工艺　花生油生产的高温压榨工艺和浸出工艺均易导致苯并（a）芘的污染，因此应大力推广花生油低温冷榨生产工艺，降低花生油中苯并（a）芘含量。

（4）避免花生食品加工过程中采用高温　在花生食品生产过程中，高温环节使油品中有机物裂解产生苯并（a）芘，因此在花生食品（如油炸花生）加工过程中应尽量降低高温环节的温度和高温时间，特别是要避免花生油的反复加热。

四、花生食品包装过程中的危害控制

食品容器和食品包装材料对于食品安全确实有着非常密切的关系。一般讲，包装的主要功能是保护商品、美化商品，使之便于保存、储运和使用。但直接接触食品的内层材料的安全使之不受污染显得尤为重要。随着社会的发展，食品包装安全卫生已受到世界各国越来越广泛的重视。花生食品包装材料主要是塑料制品和玻璃制品。

（一）食品包装材料的分类及产生的危害

1. 塑料制品

塑料制品以合成树脂为主要原料，添加适量的增塑剂、稳定剂、抗氧化剂等助剂，在一定的塑化条件下加工而成。食品包装设计常用的塑料是聚乙烯（PE）、聚酯（PET）和聚氯乙烯（PVC）。树脂本身无毒，但其单体和降解后的产物毒性较大。因为加工过程中加入一些助剂，或非法使用一些助剂（如一些 PVC 保鲜膜加入 DEHA 增塑剂），以及加工工艺和生产设备简陋，使塑料树脂中残留单体超量或产生有毒有害物质，可对食品造成污染，威胁人体健康。

苯被公认为致癌物质，但苯类是树脂材料的良好溶剂，它具有溶解性强，挥发速度快，价格便宜等优点，因此被广泛用于树脂的溶剂。在包装中主要用于复合包装材料黏合剂和塑料印刷油墨的溶剂。由于在复合材料和塑料印刷过程中苯类溶剂挥发不完全，包装材料或容器生产设备比较简陋时有可能造成苯类物质在包装材料中残留。食品包装设计过程中苯类物质渗透到食品中，会导致食品中含有苯。

双酚 A 是一种普遍应用在塑料食品包装设计中的化学物质，塑料食品包装设计中的双酚 A 在加热后可融入食品中。酚醛树脂和脲醛中甲醛含量较高，塑料食品包装设计中的游离甲醛可融入食品中。

2. 玻璃容器

食品包装设计用的玻璃容器是以二氧化硅为主要原料，经高温熔融制成。在制作过程中加入的一些辅料毒性较大。用砷、锑作澄清剂，一些企业为了增加玻璃包装材料的光泽度，加入铅元素。主要危害为重金属砷、锑、铅等残留。

3. 复合包装袋

复合包装袋是利用各种材料的特性，将不同材质的薄膜经湿法或干法黏合而成。生产过程中使用的黏合剂、彩色油墨可产生有毒物质。如：甲苯二胺、蒸发残渣、重金属等。

（二）花生食品包装材料的安全控制措施

1. 强化源头管理，确保花生食品包装材料的安全质量

要对花生食品包装容器、包装材料的生产企业，实施备案管理的监管模式，从源头上控制花生食品包装质量。

2. 加强生产监管，确保花生食品包装材料的安全质量

对花生食品包装容器、包装材料的管理，要从生产企业抓起，强化对原材料的质量监控，确保所使用的原材料无毒无害；加强对生产过程的监督管理，引导企业按照 SN/T1443.1－2004《食品安全管理体系要求》健全安全管理体系，从根本上保证花生食品包装安全质量；加强对花生食品企业使用包装的核查验证，发现问题应及时抽样检测，坚决杜绝不符合安全、卫生要求的包装盛装食品。

3. 加强 CCP 点控制，确保花生食品安全卫生质量

对花生食品企业建立的 HACCP 体系，应将包装材料的控制作为 CCP 点进行严格控制。以确保包装材料中的化学物质不会污染产品。

（三）花生食品包装过程中的其他危害及控制措施

花生食品包装要确保包装的密闭性，防止氧气的进入，从而加速花生食品的氧化变质，花生果或花生仁氧化导致酸败，影响花生食品质量和风味；花生油含有大量的不饱和脂肪酸，氧化后导致酸败变质。

为了防止花生食品的氧化变质，有时在花生食品包装中加入脱氧剂等包装辅料，要确保脱氧剂等包装辅料的使用应符合国家相关法规要求，严格禁止使用不合格的脱氧剂。

五、在花生食品生产企业推行 HACCP 体系

我国是世界上最主要的花生生产、出口国之一。花生在我国大面积栽培，其栽培面积超过 460 万 hm²，约占世界的 15%，年产量达 1 650 多万吨，约占世界总产量的 40%。我国花生对外贸易始于 1890 年，现在已出口到欧盟、日本等 100 多个国家和地区，年出口量达 77.8 万 t，超过 6 亿美元，其中，欧盟是我国花生出口的最主要市场。

花生是最容易感染黄曲霉菌的农作物之一，黄曲霉毒素对花生具有极高的亲和性，在种植、加工、储藏、运输等每一个环节或过程都可能产生。2015 年我国出口欧盟食品违例事件 251 起，其中花生黄曲霉毒素超标事件 98 起，占 39.0%；2014 年违例事件 167 起，其中花生黄曲霉毒素超标事件 36 起，占 21.6 %；2013 年违例事件 194 起，其中花生黄曲霉毒素超标事件 47 起，占 24.2 %；三年来，花生黄曲霉毒素超标事件一直是单一事件中比例最高的（图 2-3）。花生黄曲霉毒素超标已成为我国食品出口欧盟的最大障碍，给我国花生加工和出口企业造成了巨大经济损失，严重制约了我国花生产业的发展。

HACCP，Hazard Analysis Critical Control Point 的英文缩写，表示危害分析的临界控制点。HACCP 体系是国际上共同认可和接受的食品安全保证体系，主要是对食品中微生物、化学和物理危害进行安全控制。联合国粮农组织和世界卫生组织 20 世纪 80 年代后期开始大力推荐这一食品安全管理体系。开展 HACCP 体系的领域包括：饮用牛乳、奶油、发酵乳、乳酸菌饮料、奶酪、生面条类、豆腐、鱼肉火腿、蛋制品、沙拉类、脱水菜、调味品、蛋黄酱、盒饭、冻虾、罐头、牛肉食品、糕点类、清凉饮料、机械分割肉、盐干肉、冻蔬菜、

蜂蜜、水果汁、蔬菜汁、动物饲料等。我国食品和水产界较早引进 HACCP 体系。2002 年我国正式启动对 HACCP 体系认证机构的认可试点工作。花生在种植、贮藏、加工、运输等环节都容易受到食品危害物的污染，因此在花生食品企业推行 HACCP 体系，具有十分重要的意义。

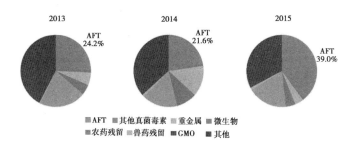

图 2-3　2013—2015 年欧盟食品和饲料类快速预警系统（RASFF）各类事件通报情况

（一）花生荚果和花生仁生产 HACCP 体系的建立

1. 花生在加工环节黄曲霉毒素的产生及影响黄曲霉毒素产生的因素

黄曲霉菌的侵染和黄曲霉毒素的产生可以发生于自开花开始的花生产业链的各个环节或过程。尽管花生的加工环节所经历的时间并不长，但也可能生产黄曲霉毒素，并受许多因素的影响。

（1）地下害虫和仓储害虫　花生荚果或果仁受到地下害虫如蟋虫、千足虫、螨类、蛴螬、白蚁等和仓储害虫如赤拟谷盗、谷蛾、粉虫甲等的危害。害虫本身也是黄曲霉菌的传播媒介。害虫通过危害花生荚果或果仁，造成荚果或果仁损伤，导致黄曲霉菌侵入、生长。

（2）机械损伤　荚果或果仁受到外来力量（如除草、收获时的脱粒、加工时脱壳、荚果或果仁受到挤压等）造成花生荚果或果仁的损伤，导致黄曲霉菌侵入、生长。

（3）自然损伤　在花生荚果生长发育过程中，由于土壤温度和水分的波动，引起荚果自然爆裂，造成花生荚果的自然损伤，导致黄曲霉菌侵入、生长。

（4）花生荚果或果仁水活度　水活度 a_w 超过 0.70（25℃），花生荚果或果仁不安全，水活度越高，花生受黄曲霉菌的侵染程度越高、黄曲霉菌的生长也越快，黄曲霉毒素的污染程度也越高。原料如果干燥不充分，荚果或果仁水分就比较高，水活度值明显超过 0.7，这将非常有利于黄曲霉菌的侵染、生长，如不能及时干燥，就会导致黄曲霉菌的侵染、生长、产毒。

（5）环境湿度　干燥后的花生荚果或果仁容易在加工过程吸潮，使水活度升高，导致黄曲霉菌的侵染、生长。相对湿度越高，黄曲霉毒素的污染也越严重。

（6）环境温度　黄曲霉菌产毒要求的温度为 12~42℃，最适温度为 28~33℃。黄曲霉菌生长的最适温度为 26~37℃，温度越高，黄曲霉菌生长越快，黄曲霉菌污染越严重。

（7）氧气　黄曲霉菌是喜氧微生物。在厌氧条件下，黄曲霉菌的生长和孢子的形成都受到抑制。

2. 在花生加工过程建立 HACCP 控制体系对黄曲霉毒素进行预防控制的重要性

花生荚果或果仁黄曲霉的侵染和黄曲霉毒素的产生可以发生在这个花生产业链的全过程。加工过程作为一个环节，也可能产生黄曲霉毒素的污染，因此在花生加工环节控制花生黄曲霉毒素污染具有重要意义。

HACCP 是一种灵活简便的、建立在科学性和系统性基础上的预防体系，不依靠最终产品检验，而是一种以预防为主的、有重点的控制体系，可应用到食物链的各个环节。所以在出口花生加工环节中，通过建立 HACCP 体系是能够有效控制黄曲霉毒素污染的，这对确保出口花生荚果和果仁的食品安全具有重要的意义。

3. 花生荚果和果仁的加工流程

花生荚果的加工流程：原料验收—清选—分级—成品包装—入库贮藏

出口花生仁的加工流程：原料验收—清选—脱壳—清选—分级—成品包装—入库储藏

4. 花生荚果和果仁的加工的几个关键控制点和控制措施

对加工过程的花生荚果或果仁产品而言，黄曲霉菌的生长和黄曲霉毒素的产生是动态的，而且黄曲霉毒素在产品中的存在是不均匀的，这给控制黄曲霉毒素带来了很大的困难，黄曲霉毒素的污染问题是不可能通过某一点的控制就可以解决的。因此在花生荚果或果仁的加工环节，应当实施多点控制。

通过分析，认为原料验收、清选、脱壳后的清选、入库储藏作为花生加工环节建立 HACCP 体系中控制黄曲霉毒素的关键控制点。

（1）原料验收

①严格控制原料的水分。黄曲霉的侵染、生长与原料的水分有着极为密切的关系。原料水分大，水活度值就高，当水活度超过 0.7 时，将非常有利于黄曲霉菌的侵染、生长和黄曲霉毒素的产生。因此必须严格控制原料水分。一般认为，花生荚果水分应当控制在 10% 以下，花生仁水分应当控制在 9% 以下。

②拒收黄曲霉毒素不合格的原料。花生加工企业对原料进行验收不仅是食品生产企业登记注册管理的要求，而且是加工环节黄曲霉毒素控制的关键点。输往欧盟的花生黄曲霉毒素 B_1 应当控制在 $2\mu g/kg$ 以下，$B_1+B_2+G_1+G_2$ 总量应当控制在 $4\mu g/kg$ 以内。

原料验收执行难度很大，而且无法从根本上有效解决黄曲霉毒素的污染问题。第一，原料的来源地分散，原料生产的分散，涉及千家万户，不同来源，甚至同一来源但批次不同的花生黄曲霉毒素存在很大的差别。第二，花生原料的不均匀性。由于原料本身的不均匀性，黄曲霉毒素的污染又受到许多因素的影响，黄曲霉毒素的存在不均匀，导致检测结果的局限性。目前抽样方案很难解决样品的代表性，检测合格并不能保证整批原料不存在黄曲霉毒素污染。第三，大大增加企业生产成本。黄曲霉毒素的检测成本较高，企业自身进行黄曲霉毒素检测，需要增加检验人员，购买检测设备，建立实验室，这将大大增加企业生产成本。如果通过供货方订立协议的形式来控制原料的黄曲霉毒素，同样增加供货方的成本，从而增加企业的原料采购成本。因此拒收黄曲霉毒素不合格的原料只能作为一种必不可少的辅助手段。为更有效地控制花生黄曲霉毒素，需要在花生种植过程按照良好的农业规范（GAP）和良好的操作规范（GMP）进行，以控制黄曲霉毒素。

（2）清选　对原料清选，是为了确保原料的质量，从而减少黄曲霉毒素的污染。由于虫蚀、破碎、裂口、损伤、霉变、水分大的软粒等荚果或果仁极容易导致黄曲霉菌的侵染、生长、产毒。因此必须对原料进行手工、机器清选，把虫蚀、破碎、裂口、损伤、霉变、发芽、泛油、水分大的软粒等荚果或果仁清除出去。

（3）脱壳后的清选　花生荚果脱壳后，会产生大量的碎果壳和裂口、破碎、脱皮的花生仁，那些裂口、破碎、脱皮的花生仁极容易导致黄曲霉菌的侵染、生长、产毒，已干燥的碎果壳又易吸潮，极容易使货物的水分增高，导致黄曲霉菌的侵染、生长、产毒，因此脱壳后要及时进行清选，清除碎果壳及裂口、破碎、脱皮的花生仁。

（4）入库储藏　水分不符合要求的成品不得入库储藏。黄曲霉的侵染、生长与入库成品的水分有着极为密切的关系。花生成品水分大，水活度值就高，当水活度超过 0.7 时，将非常有利于黄曲霉菌的侵染、生长和黄曲霉毒素的产生。因此必须严格控制入库产品水分。出口合同规定有水分的，按合同规定执行，一般认为，成品花生荚果水分都应当控制在 10% 以下，成品花生仁水分都应当控制在 9% 以下。

确保仓库保持适当的储藏条件。保持仓库通风，相对湿度应保持在 55%~65%，堆垛的垛底有适当的铺垫，禁止直接接触地面，注意防治仓储虫害和鼠害，建立储存规范，储存库温度应保持在 10℃以下。

5. 展望

HACCP 体系基于科学性和系统性，不是依靠最终产品检验，而是以预防为主的控制体系，可应用到到从农场到餐桌的各个环节中。在各个环节研究建立 HACCP 控制体系，已经日益成为食品安全控制的重要组成部分。

食品加工环节是食品链卫生控制的重点。对出口花生荚果和果仁而言，黄曲霉菌的侵染和黄曲霉毒素的产生可以发生于自开花开始的食物链各个环节或过程。这给黄曲霉毒素的控制带来了困难，通过对某一个点解决黄曲霉毒素的污染是不可能的。尽管花生的加工环节所经历的时间并不长，但也可能产生黄曲霉毒素，在出口花生加工环节建立 HACCP 体系控制黄曲霉毒素的污染仍然具有重要意义。

（二）花生油生产过程中 HACCP 体系的建立

1. 花生油生产工艺流程绘制

花生油生产工艺流程如图 2-4 所示。

2. 进行危害分析，确认关键控制点

应用 HACCP 原理，结合花生油生产工艺，对每道工序中潜在的危害因素及其危害程度进行分析。对花生油的质量安全有影响的因素分为：①生物性危害，如原料发霉变质而带有微生物或真菌毒素，生产过程使用不卫生的器具或人为的接触造成的细菌污染等。②物理性危害：如混入油脂中的杂质，操作过程的工艺条件导致成分变化等。③化学性危害：如有机溶剂、苯并芘、肥皂、废白土、油脚等的残留。下面分析对花生油品质造成影响的因素，并讨论其影响是否显著。危害分析过程见表 2-1。

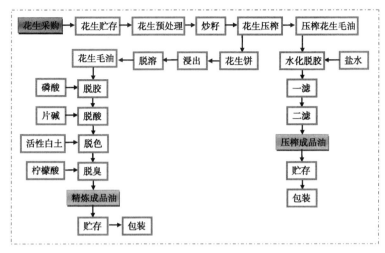

图 2-4 花生油热榨工艺流程

表 2-1 花生油加工过程危害分析过程

加工步骤	引入的、控制的或增加的潜在危害	危害是否显著	判断依据	控制措施	是否为关键控制点
花生验收	生物性危害	是	腐败变质的原料易带入致病菌，产生对人体有害的毒素	在后续蒸炒、脱臭工段会分解毒素，杀死致病菌；控制供应商、加强储存过程安全管理，后续工序可杀灭	是
	化学性危害	是	原料被污染导致的农药残留、重金属超标等会导致食物中毒，甚至死亡	产地调查检验，控制供应商及分批送检	
	物理性危害	是	粕末、泥沙等杂质会影响油脂的品质，对人体的危害程度较小	控制供应商/后续磁选、筛选可除去	

（续表）

加工步骤	引入的、控制的或增加的潜在危害	危害是否显著	判断依据	控制措施	是否为关键控制点
花生储存	化学性危害	是	长时间储存或储存条件不佳可能造成酸价、黄曲霉毒素升高	严格控制储存环境，在后续蒸炒、脱臭工序会分解毒素	是
蒸炒压榨	化学性危害	是	导热油渗漏，温度过高或停滞时间长，易引起色泽、气滋味等指标的变化，产生有害物质苯并芘	对加热管道定期试压检查，控制加工工艺参数	是
一滤、二滤（压榨毛油）	物理性危害	否	滤布本身带有，或人员更换滤布时的穿戴不洁净而引入	使用合格滤布，加强人员卫生控制	否
浸出	化学性危害	否	本工序引入	后续工序可去除	否
脱溶	化学性危害	否	由浸出工序引入	本工序可部分去除，后续脱臭可去除	否
脱胶	化学性危害	否	加水量多易造成乳化体系，难以分离，影响油脂的质量	加水量可根据毛油胶质含量来确定，残留的胶质可以通过离心分离除去	否
脱酸	化学性危害	否	碱量的多少影响皂脚与油脂的分离，碱的浓度、操作的温度也会影响碱炼的效果	加碱量根据毛油的酸值来确定，碱的浓度和操作的温度也根据工艺条件而定；残皂可以在脱色工段除去	否
脱色	物理性危害	是	吸附剂是油脂氧化的催化剂，常压下加速油脂的氧化，导致油脂腐败	残留的吸附剂可以通过过滤除去；产生的氧化物在脱臭工段可以除去	否
脱臭	化学性危害	是	蛋白质、磷脂等杂质在高温下分解为深色色素，不易除去	控制脱臭的温度、时间、真空度	是

（续表）

加工步骤	引入的、控制的或增加的潜在危害	危害是否显著	判断依据	控制措施	是否为关键控制点
包装	生物性危害	是	包装材料的不卫生易使油脂受污染，影响油脂的质量；包装材料非食品级对人体健康造成危害；包装密封性不好加快油脂的氧化，危害人体健康	选用合格的包装材料；检验包装的密封性能	是
贮藏、运输过程	生物性危害	否	库房的卫生状况导致油脂受微生物污染	执行 SSOP 来保证库房的清洁	否
	化学性危害	否	库房或者运输工具的温度高、湿度高，导致油脂变质	执行 SSOP 来保证库房的温度要求	否

（1）原料　花生在种植和储运过程中会产生化学危害。在种植过程中使用农用化学药品，如杀虫剂、除草剂、化肥等，会在花生中积累造成危害。工业污染化学物质，如铅、镉、砷、汞等，可以污染土壤和水域，从而进入植物体内，对花生造成污染。花生储藏不当易受黄曲霉毒素污染。花生在收获时也可能掺杂石子、金属、玻璃等，对人体造成伤害，这属于物理危害。

（2）压榨工艺　压榨过程中涉及的工艺条件、设备、操作方法等会带来一定的物理性危害和化学性危害。如在花生炒籽压榨过程中，由于温度过高或花生在设备中停滞时间长容易糊料，产生苯并芘等化学性物质，危害人体健康。

（3）浸出工艺　浸出工艺是应用溶剂萃取植物油，再经过脱溶得到毛油。这个工艺环节有潜在的化学危害。生产食用植物油所用的溶剂如果不是国家允许使用的溶剂，将会影响植物油的最终品质。

（4）精炼工艺　浸出毛油中含有大量的磷脂、游离脂肪酸、胶质、蜡等杂质，其质量指标达不到国家质量标准，必须经过精炼，才能用于人类食用。

碱炼脱酸过程使用的片碱易造成肥皂残留，脱色过程使用的白土吸附剂在常压下会催化油脂氧化，导致油脂氧化变质。脱胶剩余的磷脂容易形成乳化体系，使油脂变浑浊，品质降低，脱胶的效果不理想，还会影响脱酸、脱色、脱臭等一系列工序的进行。油脂精炼所采用的设备和操作条件也是影响油脂质量的一个因素。不清洁的设备易引入微生物污染油脂，操作的温度、时间、压力等条件的控制稍有失误也会使油脂中的成分发生变化，可能导致油脚的分离困难，油脂的稳定性降低等不利因素的出现。

在花生浸出毛油精炼工艺各道工序中加入了不同的辅料，如活性白土、磷酸、NaOH、柠檬酸等。辅料品质不好，会影响精炼的效果，辅料含有有害物质，有可能引入新的潜在危害。

（5）包装及标签　花生油通常用塑料瓶装或塑料袋装，因包装容器与油直接接触，选择不当的包装材料，或是包装本身受到污染不符合卫生要求，都会对油品造成污染。如 PET 包装瓶气体阻隔性不合乎要求，使得油品在储存过程中氧气渗透率高，加速了油脂的氧化，缩短了保存期。过氧化值超标的油脂被人食用，促进机体老化，影响人体健康。

食用植物油产品国家标准强调了标签的重要性，除应遵循 GB 7718 的规定外，特别规定了转基因、压榨、浸出产品和原料原产国必须标识，以维护消费者的知情权和选择权。

（6）储存、运输　储存条件对油脂品质有很大的影响。油脂在光、热催化作用下容易自动氧化，如混入了空气较易造成氧化酸败。油脂在脂肪酶等微生物作用下易分解，造成油脂变质的小分子物质。在储存、运输过程中，环境的卫生状况也会影响油脂的质量。

（7）关键控制点　根据危害分析，确定花生油生产过程关键控制点。验证审核的主要内容有：①验证检查 CCP 的控制方法是否准确，纠偏措施是否有效，进行监督的人员是否复查监控纪录与产品检验报告，是否做好监控记录；②验证 CCP 是否得到有效控制，抽样检验 CCP 控制的安全性；③审查 HACCP 计划实施的程序是否按照原计划进行，检验该 HACCP 计划的有效性。

3. 讨论与展望

将 HACCP 体系引入花生油生产，从而提高了产品的安全性。GMP 和 SSOP 是建立 HACCP 体系的基础。GMP（良好生产规范）是一种具体的食品质量保证体系，要求食品加工厂在制造、包装及贮运食品等过程中有关人员以及建筑、设备等达到相应的卫生要求，防止食品在不卫生条件下或可能引起污染和食品变质的环境下生产，确保食品安全卫生和品质稳定。SSOP（卫生标准操作规范）强调食品生产的厂房、设备、人员等与食品接触的器具、设备中可能存在的危害的预防措施。因此，实施 HACCP 管理体系同时必须认真执行 GMP、SSOP，规范产品生产的卫生环境，从而有利于采用 HACCP 体系预防影响食品安全的显著危害。

第三章　花生食品中霉菌毒素的危害控制

一、花生食品中的黄曲霉毒素

（一）黄曲霉毒素的分类及性质

黄曲霉毒素（Aflatoxin，AFT）是一类化学结构（图 3-1）类似的二呋喃香豆素衍生物，在 365nm 波长紫外光下能够产生荧光，其中，产生蓝紫色荧光者为 B 族，发绿色荧光者为 G 族。目前，已鉴定出 20 多种黄曲霉毒素，即黄曲霉毒素 B_1（AFB_1）、黄曲霉毒素 B_2（AFB_2）、黄曲霉毒素 G_1（AFG_1）、黄曲霉毒素 G_2（AFG_2）等。其中以 AFB_1 毒性最强，因此，通常所说的黄曲霉毒素多指的是 AFB_1。AFB_1 在生物体内可以转化为七种代谢产物，其中，AFM_1 能在摄入 AFB_1 奶牛的鲜乳中检测到。

黄曲霉毒素不溶于石油醚、己烷和乙醚，微溶于水，易溶于油脂及甲醇、丙酮、氯仿等有机溶剂。在 pH 值 9~10 的碱性条件下，黄曲霉毒素极易降解；紫外线辐照也容易使其降解而失去毒性，但是在酸性条件下，黄曲霉毒素比较稳定。AFB_1 纯品为无色晶体，分子量为 312，熔点为 268℃，平常的烹调条件不易将其破坏，是目前已知真菌毒素中最稳定的一种。

（二）黄曲霉毒素产生与分布

黄曲霉毒素（Aflatoxin，AFT）是黄曲霉（*A. flavus*）、寄生曲霉（*A. parasiticus*）及特曲霉（*A. nomius*）等真菌产生的次级代谢产

物。黄曲霉菌可侵染多种农作物并产生黄曲霉毒素，如花生、玉米、棉花、向日葵等都易感染黄曲霉，在这些作物中以花生受黄曲霉毒素感染程度最高。黄曲霉毒素污染是一个全球性的问题，在发展中国家尤为严重（Henry et al，1999）。

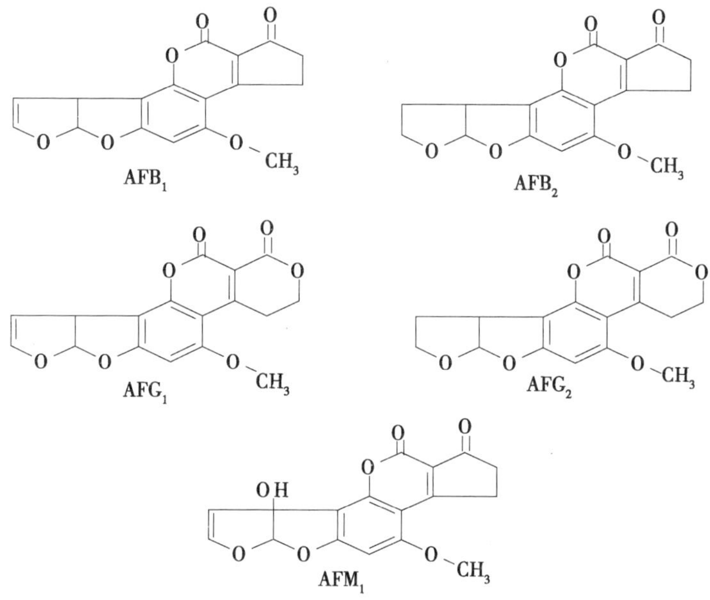

图3-1　主要黄曲霉毒素的结构式

黄曲霉毒素可产生于花生的收获前、收获后、以及花生的储藏、运输及加工过程中。花生在田间生长期间，昆虫和鼠类的危害以及潮湿的气候都会促进黄曲霉霉菌的生长。花生收获以后，由于不良储藏条件，如仓储温度高、湿度大、通风透气条件不良等也可导致黄曲霉菌的感染。贮藏期间的花生含水量大于10%时，就易感染黄曲霉，黄曲霉适宜生长温度为12~42℃，适宜生长湿度为80%~85%，其适宜产毒温度一般为25~33℃，适应最低生长水分活度为0.78，最适水分活度为0.93~0.98。一般在田间水分含量为12%~20%时黄曲霉对花生侵染最快。

黄曲霉毒素广泛存在于土壤、动植物、各种坚果中。从地区分布来说，华南、华中、华东黄曲霉产毒株多，产毒量也大；华北、西北、东北地区产毒株较少，并且产毒量也小。一般在热带和亚热带地区，花生食品中黄曲霉毒素的检出率比较高。

真菌的生长和黄曲霉毒素污染是真菌、寄主和环境相互作用的结果，这些因子的结合决定了真菌的侵染和定殖以及黄曲霉毒素产生的类型和数量。虽然还不清楚黄曲霉毒素产生的准确因子，但适合的寄主、不利的水分条件、高温和害虫对寄主的危害等是霉菌和毒素产生的主要因子。同样，特定的寄主生长期、不良的养分、寄主作物密度过高和杂草的危害可增加真菌和毒素的产生。

(三) 黄曲霉毒素危害

黄曲霉毒素具有强毒性，严重威胁人畜健康及食品安全。AFB_1 的 LD_{50} 为 0.249mg/kg，LD_{50} 小于 1mg/kg 的为特剧毒物质，其毒性为氰化钾的 10 倍、砒霜的 68 倍、二甲基亚硝胺的 75 倍、敌敌畏的 100 倍，是目前已知真菌毒素中毒性最强的。黄曲霉毒素具有强致癌性，被认为是自然发生的最强的化学致癌物，国际癌症研究机构（IARC）已将黄曲霉毒素列为天然存在的 I 类人类致癌物，因此在食品中的污染量就应控制到可能达到的最低水平 ALARA（As low as reasonably achievable）。

1. 对人类健康的危害

AFB_1 的靶器官主要为肝脏，人类若食用被黄曲霉毒素污染的食品后，可出现发热、腹痛、呕吐、食欲减退，严重者在 2~3 周内出现肝脾肿大、肝区疼痛、皮肤黏膜黄染、腹水、下肢浮肿及肝功能异常等中毒性肝病症状，也可能出现心脏扩大、肺水肿，甚至痉挛、昏迷等症状。由于黄曲霉毒素特别 AFB_1 是潜在的致癌物质，人长期接触低剂量 AFB_1 也可能会引发癌症，因此，1993 年世界卫生组织国际癌症研究机构将 AFB_1 列为 I 类致癌物质。据流行病学调查发现，全球范围内 28% 的原发性肝细胞癌（HCC）是由黄曲霉毒素引起的，乙肝病毒携带者更容易诱发由黄曲霉毒素引起的肝癌。每年由黄曲霉毒素暴露导致的肝细胞癌病例达到 17.2 万，并且大部分病人携带乙肝病毒。这些病例主要分布在撒哈拉以南的非洲、东南亚、西太平洋地区（包括中国）和中美洲部分地区。

2. 对动物健康的危害

黄曲霉毒素最早被发现就是由于其引起严重的动物死亡。1960年，英国发现有 10 万只火鸡死于一种以前没见过的病，被称为"火鸡 X 病"，研究确认该病与从巴西进口的花生粕有关，科学家们很快从花生饼中找到罪魁祸首，黄曲霉（*A. flavus*）产生的毒素，被命名为黄曲霉毒素 "aflatoxin"。动物个体对黄曲霉毒素的敏感性与动物种类、年龄、性别和营养条件有关。黄曲霉毒素的主要作用器官是肝脏，也会对动物胚胎造成损害，降低其产奶和产蛋量，造成免疫抑制和反复侵染。幼龄动物是最易遭危害的阶段，其他时期也受影响，但对不同动物危害的程度有差异。黄曲霉毒素中毒的临床症状包括肠胃紊乱，生殖能力降低，饲料利用率下降，贫血、黄疸，乳牛的奶中还会产生黄曲霉毒素 B_1 的代谢产物 AFM_1、AFB_1、AFM_1 和 AFG_1，可引起不同动物的各种癌症。近年来，由黄曲霉毒素引起的动物中毒事件时有发生，2011 年底蒙牛牛奶黄曲霉毒素 M_1 超标，2014 年下半年山东德州、济南等地发生多起奶牛流产、牛奶黄曲霉毒素 M_1 超标的事件。

3. 对经济、贸易和社会发展的影响

据联合国粮农组织（FAO）估计，25% 的食用作物受到了真菌毒素的影响，其中污染最严重的是黄曲霉毒素。黄曲霉毒素可导致家畜死亡，生长率下降，饲料利用率降低。黄曲霉毒素还能降低食用作物和纤维作物的产量。

由于黄曲霉毒素对人畜健康严重的危害性，世界各国不仅纷纷制定了相应的限量标准和法规，而且其限量标准值不断降低。例如，欧盟委员会于 1998 年 7 月 16 日通过了 1525/98 号指令，公布了欧盟国家食品中黄曲霉毒素的最高限量标准：人类直接食用的花生食品中黄曲霉毒素（$B_1 + B_2 + G_1 + G_2$）含量从 20μg/kg 降到 4μg/kg，其中，$B_1 \leqslant 2μg/kg$，该指令已于 1999 年 1 月 1 日起在所有欧盟成员国实施。该标准限量是我国限量标准的 1/5。欧盟是世界最大的花生进口市场，受黄曲霉毒素污染的影响，2001—2011 年我国出口欧盟食品违例事件 2 559 起，其中黄曲霉毒素超标占 28.6%，是单一事件中比例最高的，黄曲霉毒素超标已成为我国花生食品出口欧盟的最大阻碍，给我国花生加工和出口企业造成了巨大经济损失。

二、花生食品中的黄曲霉等毒素的检测

（一）理化方法

1. 薄层层析法

薄层层析法（Thin Layer Chromatography，TLC）成本低，操作简单，且灵敏度较高，因而成为检测黄曲霉毒素的经典方法。TLC 方法检测限达 1~5μg/kg（Vargas et al.，2001），低于大多数国家的限量标准，因此被许多国家定为标准检测方法。针对不同的样品，TLC 法可用相应的展开剂使黄曲霉毒素在薄层板上展开、分离，然后利用黄曲霉毒素在波长为 365nm 紫外光下能够产生蓝紫色或黄绿色荧光的特性，以标准品为对照，根据荧光强弱程度初步测定其含量。近年来，在 TLC 法基础上又发展出了高效薄层层析法（HPTLC），和 TLC 方法对比，该方法不仅能改变展开剂，也可改变进样技术、展开槽、检测方式等分析条件，从而得到最佳的检测效果。张鹏等（1999）等采用多功能净化柱与 HPTLC 结合检测花生中的黄曲霉毒素，检出限达 0.5μg/kg，以空白样品为基底，样品加标 0.5 ~ 10ng AFB_1 标品，平均回收率为 86.5% ~ 99.0%。薄层扫描法是薄层层析法的仪器化，二者的样品前处理过程及层析条件完全相同，所不同的是最后在扫描仪上绘制黄曲霉毒素扫描图谱，以荧光斑点面积的积分值为纵坐标，黄曲霉毒素标准品浓度为横坐标，绘制标准曲线，从而能够精确计算出样品中黄曲霉毒素的浓度。

2. 高效液相色谱法（HPLC）

黄曲霉毒素的高效液相色谱（High-Performance Liquid Chromatography，HPLC）方法是目前较常用的一种分析黄曲霉毒素的方法。待测样品需要经提取、净化及衍生处理，然后在适宜的流动相带动下通过色谱柱，从而使不同种类的黄曲霉毒素同时分离，最后根据荧光检测器得到的信号判定样品中黄曲霉毒素的浓度。如 Simonella 选用 C_{18} 柱，乙酸∶乙腈∶异丙醇∶水（1∶5∶5∶39）为流动相。此外，由于 AFB_1 本身所发出的荧光强度较低，不利于检测器进行检测，所以，在样品的前处理过程中通常将其衍生化，以提高检测灵敏度和准确度。常用的衍生化试剂有溴、碘以及环糊精（Cepeda et al.，1996）。HPLC 法灵敏度高，数值精确，能同时检测 AFB_1、AFB_2、AFG_1、AFG_2（焦炳华等，2000），但是这种方法对样品的纯度要求很高，因此样品的前处理过程比较复杂耗时，和 TLC 方法相比，不适宜用于大量样品的检测。高效液相色谱法具有高效、快速、准确性好、灵敏度高、重现性好、检测下限低等优点，近年来在测定食品中的黄曲霉毒素时得到越来越广泛的应用（Trucksess et al.，1991；Stroka et al.，2000；Dragacci et al.，2001）。

3. 微柱层析法

微柱层析法主要是定性检测样品中是否含黄曲霉毒素，这种方法主要利用硅镁型吸附剂（Florisil）吸附黄曲霉毒素后，在波长为 365nm 紫外光下产生蓝紫色或黄绿色荧光带，最后与标准溶液微柱管比较进行半定量，其检测限为 $5 \sim 10 \mu g / kg$，回收率在 90% 以上，但这种方法的缺点是需要用其他方法进行确认（焦炳华等，2000）。因此，微柱层析法适用于大量样品的快速筛选，能迅速可靠地筛去大量阴性样品，以便只对极少数阳性样品进行进一步的含量测定。

4. 毛细管电泳法

毛细管电泳（capillary electrophoresis，CE）是一种新的黄曲霉毒

素分析方法，是经典电泳技术和现代微柱分离相结合的产物。该方法与激光诱导荧光检测器（Laser-Induced Fluorescence，LIF）连用，灵敏度大大提高。Wei（Wei et al.，2000）等人用毛细管电泳—激光诱导荧光检测器测定样品中各种黄曲霉毒素，获得了很好的效果，其中对 AFB_2 的检测最为灵敏。但这种方法不仅操作复杂，而且成本很高，因此不适用于大量样品的检测。

（二）免疫学方法

黄曲霉毒素的免疫学检测方法是将生物大分子的免疫学特性与化学特性结合起来的一种分析方法。这种方法灵敏、快速、且对样品的纯度要求不高，因此特别适合于大量样品的检测。免疫学方法主要包括酶联免疫吸附测定法、放射免疫测定法、免疫亲和柱—荧光分光光度法及免疫层析法。

1. 酶联免疫吸附测定法

酶联免疫吸附测定法（Enzyme Linked Immunosorbent Assay，ELISA）是在免疫学和细胞工程学基础上发展起来的一种微量检测方法。该方法灵敏、快速、特异性强、成本较低，因此特别适用于大量样品的筛查（Reddy et al.，2001）。刘滨磊等（1990）在国内首先建立了间接酶联免疫法，其方法首先是将 AFB_1 溶菌酶蛋白包被于聚苯乙烯微量板孔中，后加待测样品和 AFB_1 抗体，使二者在 37℃ 反应 1h，让抗原和抗体充分结合，洗净后再加第二抗体-酶结合物，37℃ 孵育 1.5h，再次洗净后，加显色剂邻苯二胺，最后加终止剂使反应停止，测定吸光度。目前已开发出快速检测黄曲霉毒素的 ELISA 试剂盒，检测限为 0.01μg/kg。

中国疾病预防控制中心高秀芬等（2007）等研制出了一种能定量检测出样品中黄曲霉毒素总含量的试剂盒，该试剂盒检测限为 0.26μg/ kg，与国外同类试剂盒灵敏度类似。目前黄曲霉毒素 ELISA 检测产品已经非常成熟，国际上的知名品牌有 ROMER、R - Biopharm、VICAM 等，国内知名品牌有：北京华安麦科生物技术有限公司的 ToxinFast、北京勤邦生物技术有限公司、北京维德维康生物技术有限公司等。

2. 放射免疫测定法

放射免疫测定法（Radio-Immuno Assay，RIA 法）是利用同位素放射测量的灵敏性和免疫反应的特异性进行微量分析的一种方法，与 ELISA 方法的原理基本相同，不同之处在于二者的标记物。前者标记物为放射性元素，而后者为酶。在实验中，多采用氚（^3H）为放射性标记元素。具体方法是将毒素$-^3H$ 标记物与样品加抗体进行竞争性结合，然后除去未结合的部分，测定放射性。放射性低则说明样品中毒素含量高，反之则说明毒素含量低。ELISA 和 RIA 两种方法测定牛奶中 AFM_1 的含量，RIA 方法灵敏度为 0.5ng/ml，样品需净化，而 ELISA 方法灵敏度为 0.25ng/ml，样品不需净化，提取后可直接检测。上述结果说明，ELISA 方法的灵敏度比 RIA 更高，而且样品的前处理更简便，此外，RIA 方法也具有一定的放射性危害，因此，很少有研究采用此法检测黄曲霉毒素。

3. 免疫亲和柱—分光光度法

免疫亲和柱—荧光分光光度法是以单克隆免疫亲和柱为分离工具，以荧光分光光度计作为检测工具的一种黄曲霉毒素快速分析方法。目前已研发出快速检测装置，只需 10~15min 即可检测一个样品，检测限达 1μg/kg，而且该方法所需设备便携易带，易于操作，自动化程度高，非常适用于农贸市场等地对黄曲霉毒素的现场检测。此外，该法测得的是四种黄曲霉毒素 $B_1+B_2+G_1+G_2$ 的总量，检测的最高浓度为 300μg/kg（王晶等，2002）。与传统的 TLC、HPLC 及微柱层析法相比较，该方法在操作过程中不使用黄曲霉毒素标准品及其他有毒、有味的有机溶剂，不会危害污染环境和危害操作人员，因此较为安全。

4. 免疫层析法

免疫层析法（Immunochromatoghraphy，IC）是 20 世纪 80 年代初发展起来的一种快速免疫分析技术。其原理是借助毛细作用使样品在条状纤维制成的膜上泳动，此时待测物质会与膜上的配体结合，然后经过酶促显色反应或直接使用着色标记物后，在 5～10min 即可观测到结果。目前国产的金标试纸条可测到 5μg/kg 的黄曲霉毒素，准确率大于 95%。该方法中常使用的着色标记物有胶体金、胶体硒等（Ho et al. , 2002）。层析时，标记物与待测物形成的络合物被相应的配体捕获而显色，最后根据纤维膜上显色条的有无或多少，分别进行黄曲霉毒素的定性或定量。该方法快速，操作简单，实验人员不需经过特殊培训，且不需特殊的仪器设备，因此非常适用于农贸市场及其他地方对黄曲霉毒素进行现场检测和大量样品的筛查（王中民，2001）。

（三）金标法

金标试纸法是基于单克隆抗体而研发出的固相免疫分析法，可实现对黄曲霉毒素的一步式检测，能够在 5～10min 完成对样品中黄曲霉毒素的定性检测。此外，借助黄曲霉毒素标准品，能初步估算出样品中黄曲霉毒素的含量，从而实现快速检测，因此这种方法非常适合对样品的现场检测和大量样品的筛选。孙秀兰等（2007）等合成了一种对 AFB_1 具有特异性的抗体金标探针，该纳米金标探针用于免疫色谱法对 AFB_1 进行分析，分析一个样品所需时间小于 10min，比 ELISA 方法耗时少 6～10min，且检测限达 2.5ng/ml。目前黄曲霉毒素金标试纸条检测产品已经非常成熟，国际上的知名品牌有 ROMER、R - Biopharm、VICAM 等，国内知名品牌有：北京华安麦科生物技术有限公司的 ToxinFast、北京勤邦生物技术有限公司、北京维德维康生物技术有限公司等。

（四）其他方法

Carlson 等（2000）研发出一种免疫亲和荧光生物传感器，这种传感器轻便、体积小巧，实现全自动、高灵敏、快速地定量黄曲霉毒素，可测定的浓度范围为 0.1～50ppb，检测一个样品只需 2min。Ammida 等（2004）设计了一种电化学免疫传感器，该传感器是建立在间接竞争的酶联免疫吸附法的基础上，检测限达 30pg/ml。

综观黄曲霉毒素的各种分析方法，HPLC 和 HPTLC 方法精确，灵敏度高，但所需要的高效液相色谱非常昂贵，操作人员需经过特殊培训，而且样品的前处理过程耗时复杂，因此不适合在基层及现场应用；ELISA 方法成本低，灵敏度高，且一次能够检测多个样品，但该方法准确度低，容易出现假阳性的结果，因此只适合于对大量样品的初步筛查；免疫亲和柱—荧光光度法和 IC 法，检测设备小巧便携，操作快速简便，因此特别适合于现场检测。

目前，鉴于黄曲霉毒素的剧毒特性，科研人员已经开始尝试在实验中使用黄曲霉毒素的类似物作为标准品，从而避免这类毒素对人类健康的危害。因此，无毒或低毒的检测体系将成为下一时期黄曲霉毒素检测方法研究的新热点。

三、花生食品中的黄曲霉等毒素的限量标准

（一）中国标准

花生及其制品、花生油中 AFB$_1$ 限量 20μg/kg；玉米、玉米面及玉米制品中 AFB$_1$ 限量 20μg/kg；小麦、大麦、其他谷物、小麦粉、麦片等 AFB$_1$ 限量 5.0μg/kg；大米及其他食用油中 AFB$_1$ 限量 10μg/kg；其他粮食和发酵食品中 AFB$_1$ 含量小于 5μg/kg；婴儿乳品中 AFM$_1$ 含量小于 0.5μg/kg。

（二）欧盟标准

2000 年，欧盟制订的黄曲霉毒素的最大允许量为：直接食用或直接用作食品组分的花生、坚果及干果中 AFB$_1$ 含量小于 2μg/kg，总量（B$_1$+B$_2$+G$_1$+G$_2$）小于 4μg/kg；非直接食用的花生仁中 AFB$_1$ 含量小于 8μg/kg，总量（B$_1$+B$_2$+G$_1$+G$_2$）小于 15μg/kg；奶制品中 AFM$_1$

的最大允许量为 0.05μg/kg。欧盟关于黄曲霉毒素的限量标准是国际上最严格的。

（三）WHO/FAO 标准

食品和饲料中黄曲霉毒素总量（$B_1+B_2+G_1+G_2$）小于 20μg/kg，牛奶中 AFM_1 浓度小于 0.5μg/kg。

（四）美国标准

食品、用于饲养低龄动物的饲料及尚不知具体用途的玉米和其他谷物中，黄曲霉毒素总量（$B_1+B_2+G_1+G_2$）小于 20μg/kg，牛奶中 AFM_1 含量小于 0.5μg/kg。

（五）南非标准

食品中黄曲霉毒素总量（$B_1+B_2+G_1+G_2$）小于 10μg/kg，其中 AFB_1 含量小于 0.5μg/kg。

四、花生食品中黄曲霉毒素的削减措施

（一）物理方法

1. 加热

Ogunsanwo 等（2004）在 150℃ 下焙烤花生 30min 后，AFB_1 和 AFG_1 的含量分别降低了 78.6% 和 84.9%（二者的初始含量分别为 2.24mg/kg 和 2.58mg/kg）。Gowda 等（2007）把花生粕置于热空气炉中 80℃ 加热 6 h，黄曲霉毒素的含量降低了 57.6%，若置于自然光下晒 14h（两天），可使黄曲霉毒素的含量降低 84%。盖云霞等（2007）在 121℃，pH 值为 10.0 的条件下，处理花生粕 60min 后，样品中 84.5% 的黄曲霉毒素被去除了。

2. 蒙脱石吸附

齐德生等（2004）对蒙脱石对 AFB_1 的脱毒作用进行了一系列的研究。蒙脱石在 pH 值为 2.0 和 pH 值为 8.0 时对 AFB_1 的最大吸附量分别为 613.5μg/g 和 628.9μg/g；赖氨酸含量为 2~4mg/ml 时对吸附无影响；酸碱度 pH 值为 2.0~8.0 及温度在 20~60℃时对吸附无明显影响。此外，蒙脱石还能对抗 AFB_1 对动物的急慢性毒性作用，减少动物急性中毒死亡率，恢复动物生产性能，还可使骨胳铅、氟沉积减少，这对预防动物铅中毒，氟中毒及提高畜产品品质有重要价值。

3. 挤压膨化

自然污染的花生粕，在湿度 40%、150℃，赖氨酸存在的条件下，经挤压膨化处理后，黄曲霉毒素总量降低了 59%；而经人工污染的花生粕，在湿度 20%、150℃，赖氨酸存在的条件下，挤压膨化使黄曲霉毒素总量降低了 91%。体外消化率测定表明，挤压膨化后的产物与最初的花生粕，在消化率和赖氨酸含量方面没有显著差异。这说明，把花生粕与赖氨酸共同挤压膨化，是今后降解花生中黄曲霉毒素一个很有前途的研究方向（Saalia et al.，2001）。

4. 臭氧降解

Proctor 等（2004）研究了臭氧对花生中的黄曲霉毒素的降解效果。在 75℃下，臭氧与花生仁作用 10min 后，花生仁中 AFB_1 的含量降低了 77%，AFG_1 的含量降低了 80%。在 50℃或者更高温度下，臭氧与花生粉作用至少 10min 后，花生粉中 AFB_1 和 AFG_1 的含量分别减少了 56%和 61%。此外，AFB_1 和 AFG_1 较 AFB_2 和 AFG_2 对臭氧和温度更敏感。

（二）化学方法

1. 氨熏蒸降解

在欧美采用氨气法去谷物中黄曲霉毒素是较常用的方法。对易感染的农作物进行监测，一旦发现有黄曲霉毒素，即进行高压氨处理，使其脱毒。Gardner 等（1971）报道，氨熏蒸可使花生粕中黄曲霉毒素的含量从 121μg/kg 降至 TLC 方法检测不到的浓度。Lee 等（1978）研究了实验室条件下，氨处理对花生粕中 AFB_1 含量的影响，结果显示，有 10% 的 AFB_1 转变为 AFD_1，有 10% 的 AFB_1 变为相对分子质量为 206 的化合物，有 10% 的 AFB_1 未反应。

2. 次氯酸钠降解

冯定远等（1997）研究了次氯酸钠对花生粕中黄曲霉毒素的去毒效果。浓度为 0.25%、0.50%、1.00%的次氯酸钠可使花生粕中黄曲霉毒素浓度降低 93.32%~96.65%。不同次氯酸钠用量以及不同处理时间对花生粕中黄曲霉毒素脱毒效果的差异均不显著（$P>0.05$）。而且经次氯酸钠处理过的花生粕变成黑褐色，同时，样品出现结块现象，对饲料的感官有一定的影响。

（三）生物学方法

1. 吸附作用

迄今为止，在能够吸附黄曲霉毒素的乳酸菌中，人们研究最多的是鼠李糖乳杆菌 ATCC53103 和鼠李糖乳杆菌 DSM-705。它们在 24h 内能吸附培养基中 80%的 AFB_1（初始浓度为 5μg/ml），但是这种吸附能力是受毒素浓度、菌体数量和吸附温度影响的（El-Nezami et al.，1998），而且研究表明，热致死灭活和盐酸处理能够明显增强这两株菌对 AFB_1 的吸附能力。此外，在体内环境下，乳酸菌也能吸附 AFB_1，60min 内，鼠李糖乳杆菌 ATCC53103 使小肠组织吸收的 AFB_1 减少了 74%，DSM-705 则为 37%。进一步的研究表明，乳酸菌与 AFB_1 形成的复合物能被排泄到体外，从而减少小肠中 AFB_1 的浓度，达到解毒的效果（El-Nezami et al.，2000）。用有机溶剂对二者形成的复合物进行五次萃取后，71%的 AFB_1 仍保持结合态（Haskard et al.，2001；Peltonen et al.，2001），说明二者形成的复合物较稳定。在实际应用中，鼠李糖乳杆菌 ATCC53103 和鼠李糖乳杆菌 DSM-705 对全脂牛奶中 AFM_1 的吸附能力分别为 36.6%和 63.6%，远远高于其他乳酸菌（Pierides et al，2000）。

Shahin（2007）从牛奶、干酪等乳制品中分离出的乳酸乳球菌和嗜热链球菌分别能吸附 PBS 中 54.35% 和 81.0% 的 AFB_1，而热致死的上述两种乳酸菌分别能吸附 86.1% 和 100% 的 AFB_1。将这两种乳酸菌的菌体高温加热处理后，将它们的死细胞直接加到被 AFB_1 污染的花生油、向日葵油以及大豆油中，乳酸乳球菌和嗜热链球菌对上述食用油中的吸附率均大于 80%。

国内方面，李志刚等（2003）筛选出了 8 株乳酸菌，它们能够去除生理盐水中 4% ~ 49% 的 AFB_1，其中干酪乳杆菌干酪亚种 CGMCC 1.539 吸附 AFB_1 的能力最强，为 49%。艾姆斯实验表明，被吸附的 AFB_1 仍有较强的致突变性。这也间接说明尽管 AFB_1 能够结合在乳酸菌细胞壁上，但其化学结构可能并未改变，依然有很强的毒性。

关于乳酸菌吸附黄曲霉毒素的作用机理，有报道指出，黄曲霉毒素可能是物理吸附在乳酸菌的细胞壁结构上（Pierides et al.，2000）。对于有活性的以及热处理之后的乳酸菌，黄曲霉毒素与它们的结合更倾向于发生在细胞外，而经过酸处理的乳酸菌由于其结构的完整性受到损伤而使黄曲霉毒素可结合在细胞内表面组分上（Haskard et al.，2001）。

鉴于乳酸菌的上述特性，可以将其广泛应用到食品工业中。例如，如果奶牛食用了含有黄曲霉毒素 B_1 的饲料，则可在其乳汁中检测到黄曲霉毒素 M_1。乳和乳制品中的黄曲霉毒素 M_1 在生产和贮藏期间相对稳定，巴氏灭菌很难将其破坏。那么，可以考虑在酸奶或者干酪等乳制品中加入特定的能够高效吸附黄曲霉毒素的乳酸菌，既保持了乳制品的发酵特性，又能够在一定程度上去除乳制品中的 AFM_1，保证了乳制品的安全性，同时，对于可能误食了含有黄曲霉毒素食物的人群，食用经过特定乳酸菌发酵制得的乳制品，也能够在一定程度上去除人体内的黄曲霉毒素。

酵母是发酵食品中一类非常重要的食品微生物。Shetty 等（2007）筛选出的酵母菌株 A18 和 26.1.11 对 PBS 中 AFB_1 的最高吸附率分别为 79.3% 和 77.7%，其中对数期的酵母吸附能力最强，且 AFB$_1$ 的初始浓度越高，酵母对其的吸附量也越多。此外，无论是活的还是灭活的酵母，均能有效吸附 AFB$_1$，Shetty 认为酵母细胞壁上的碳水化合物或者甘露糖是吸附毒素的主要成分。鉴于酵母的这种特性，特定的能吸附 AFB$_1$ 的酵母菌株已应用于玉米的发酵制品中。刘畅等（2010）筛选出的酿酒酵母 Y1 对 YPD 培养基中 AFB$_1$ 的最高吸附率可达 81.2%，加热处理可显著增加细胞壁表面积，大大提高对 AFB$_1$ 的吸附能力；实际应用中，通过二次吸附能够将 AFB$_1$ 初始含量为 30μg/kg 的花生奶中的毒素完全去除。

葡甘露聚糖是从酵母细胞壁中提取出来的具有孔状结构的功能性碳水化合物，具有吸附霉菌毒素的作用。酯化葡甘露聚糖吸附毒素的能力主要取决于它巨大的表面积，1kg 的酯化葡甘露聚糖具有高达 2.2m^2 的表面积。向 AFB$_1$ 含量为 0.1mg/kg 的鸡饲料中加入 0.1% 的葡甘露聚糖，结果肉仔鸡肝脏生化指标与对照组（只喂饲基础日粮）无显著差异。由此可见，葡甘露聚糖能减轻或基本消除黄曲霉毒素对组织器官及生长性能的不良影响（侯然然等，2008）。目前，从酵母细胞壁中提取葡甘露聚糖已经产业化，葡甘露聚糖被广泛应用于动物饲料中，脱毒效果显著，这也同时解决了废啤酒酵母的回收再利用问题。

2. 降解作用

Motomura 等（2003）从糙皮侧耳中提取并纯化了一种几乎能完全降解 AFB$_1$ 的胞外酶。荧光检测表明，此酶作用于 AFB$_1$ 之后，AFB$_1$ 的荧光强度明显降低，而苯环的裂解能降低或者完全消除 AFB$_1$ 的荧光。由此推断，此酶是通过裂解 AFB$_1$ 的苯环来达到去毒效果的。李俊霞等（2008）筛选出的 NMO-3 菌株降解 AFB$_1$ 能力达 85.7%，经鉴定此菌为嗜麦窄食单胞菌，活菌制剂在 2.56×10^{10} CFU/ml 剂量以下不会引起急性中毒反应。用 65% 硫酸铵提取出的 NMO-3 菌株酶具有 AFB$_1$ 降解能力。

诺卡氏菌 DSM 12676（Smiley et al.，2000）（以前被错误地分类

为橙色黄杆菌 NRRL B-184；Hormisch et al，2004）的细胞提取物与 AFB$_1$ 作用 24 h 后，降解了 74.5% 的 AFB$_1$。若培养基中 AFB$_1$ 的初始浓度为 2.5mg/kg，分枝杆菌 DSM 44556^T 在 30℃ 与之作用 36 h 后能去除 20%~30% 的 AFB$_1$，作用 72 h 后，检测不到 AFB$_1$，而经过这种菌的胞内提取物作用 1h 后的样品，AFB$_1$ 含量减少了 70%，8h 后完全检测不到 AFB$_1$。Alberts 等（2006）从红串红球菌的液体培养物中分离出一种胞外提取物，AFB$_1$ 经这种胞外提取物作用 72h 后，去除率达到 66.8%。

Sangare 等（2014）筛选到十多株能够高效降解黄曲霉毒素的细菌，其中铜绿假单胞菌 N17-1 对黄曲霉毒素 B$_1$、B$_2$ 和 M$_1$ 的降解率分别为 82.8%、46.8% 和 31.9%，并证实是耐高温的蛋白酶起降解作用。Xu 等（2017）研究发现沙氏芽孢杆菌 L7 可以高效降解黄曲霉毒素 B$_1$、B$_2$ 和 M$_1$，降解率分别为 92.1%、84.1% 和 90.4%，从该菌分离到一种新型的黄曲霉毒素降解酶-超氧化物歧化酶，该酶分子量约为 22kDa，在 70℃、pH 值为 8.0 时酶活最高。王会娟等（2012）筛选到一株高产漆酶的平菇 P1，产漆酶量高达 769.44 U/L，在 800μl 的反应体系中，790μl 粗酶液可以将 1 000 ng AFB$_1$ 降解到 222.6ng，降解率为 77.7%，并且平菇粗酶液降解 AFB$_1$ 的能力与其中漆酶的含量呈一定的正相关性。周露等（2014）通过优化平菇 P1 的培养条件，降解率提高到 82.4%，进一步证明对黄曲霉毒素的降解是由多种酶参与的，他们之间存在累加效应。邢福国等（2017）筛选获得可降解黄曲霉毒素的不产毒黄曲霉两株 JZ2 和 GZ15，分离得到两个降解产物，降解产物分析表明黄曲霉毒素的致毒基团二氢呋喃环和致癌基团香豆素环均被破坏，预测内酯酶和还原酶参与降解过程。

在实际应用方面，陈仪本等（1998）以黑曲霉为出发菌株制备了生物制剂 BDA。此制剂可使花生油中 AFB$_1$ 的含量从 100μg/kg 降低到 22.3μg/kg，进一步的研究表明，此酶制剂最适宜的载体为稻谷壳，这有效地解决了酶在油中如何参与 AFB$_1$ 降解的难题。刘大岭等人从假密环菌中提取出一种对 AFB_1 有明显降解作用的酶。当 AFB_1 的初始浓度为 $16\mu mol/L$ 时，此酶能够完全降解 AFB_1（Liu et al.，1998）。艾姆斯实验证明，经过此酶处理过的 AFB_1 不再有致突变性（Liu et al.，2001）。后续的固定化操作，不仅保留了酶的解毒活性，而且使酶的稳定性得到了显著的提高，其中辛基-胺基-和苯基-胺基-琼脂糖作为酶的载体表现出强的疏水作用，具有较高的活性和高固定化酶容量（刘大岭等，2003）。含 AFB_1 为 $100\mu g/kg$ 的花生油样经活性炭固定的粗酶柱处理后，AFB_1 的含量降低到 $0.1\mu g/kg$ 以下。活性炭不仅价格便宜，而且其固定的粗酶在 70d 时仍表现出良好的活性，所以选择活性炭作为固定真菌粗酶的载体具有良好的工业应用前景（宋艳萍等，2003）。以黄曲霉毒素解毒酶为基础研制的产品"饲用黄曲霉毒素 B1 分解酶"在 2010 年 12 月 28 日获得农业部颁布的饲料和饲料添加剂新产品证书，实现了真菌毒素解毒酶的产业化应用。

对于黑曲霉、假密环菌、糙皮侧耳和 NMO-3 菌株，已经明确从这些菌的代谢产物中提取出了黄曲霉毒素降解酶；对于诺卡氏菌 DSM 12676、分枝杆菌 $DSM\ 44556^T$ 和红串红球菌，加热或者用蛋白酶处理它们的细胞提取物后，这三种菌对 AFB_1 的降解能力均降低了，由此推断，是它们代谢产生的酶降解了 AFB_1。

传统的物理、化学脱毒方法，大多只适用于去除固体状态的食物或饲料中的毒素，而生物学脱毒方法更适用于去除液体食品中的毒素，比如去除各种液态花生制品中的黄曲霉毒素。但是，目前关于生物学脱毒方法的研究多是利用益生菌去除液体培养基或者 PBS 中的黄曲霉毒素，少有研究把益生菌应用到花生油或者花生奶中。由于气候因素的影响，我国花生极易感染黄曲霉。因此，筛选高效、安全的菌株吸附或降解花生油、花生奶中的黄曲霉毒素，将是今后研究的一个重要方向。对于能够吸附黄曲霉毒素的微生物，应探讨脱毒机理，确定其吸附黄曲霉毒素的有效成分，最重要的是研发出益生菌制剂，克服菌体在油相环境中很难发挥其吸附作用的缺点，为工业化应用提供可行的技术支持；对于那些能够降解黄曲霉毒素的微生物，应提取、分离、纯化其黄曲霉毒素降解酶，并找到安全、有效的固定化载体，解决酶在油相中容易失活的问题，而且还要确定黄曲霉毒素降解产物的食用安全性。

五、运用HACCP原理分析花生黄曲霉毒素的预防和控制

近年来，重大食品安全事件频频发生，人们食品安全意识日渐加强，对于加强食品安全的呼声日益高涨。危害分析与关键控制点（Hazard analysis and critical control point，HACCP）体系作为一种有效的食品安全危害控制体系，自从20世纪70年代在美国形成以来，逐渐为世界众多国家所采纳，对控制食品污染、保障食品安全起到了很好的作用。黄曲霉毒素是由黄曲霉、寄生曲霉等产生的次生代谢产物，能够污染花生、玉米等粮油、坚果和饲料类产品，具有强毒性和强致癌性，严重威胁人体健康。因此，控制花生等相关产品的黄曲霉毒素污染具有重要意义。

（一）HACCP原理分析方法

1. 分析材料

以出口花生加工厂为例，根据花生黄曲霉毒素污染的主要影响因素，对花生"从农田到加工出厂"这一过程进行了黄曲霉毒素危害HACCP体系分析。

2. 方法

黄曲霉毒素污染状况的调查了解，通过查阅文献资料和出口花生黄曲霉毒素检测结果统计来进行。花生黄曲霉毒素产生的主要影响因素通过文献查阅等来了解。在花生"从农田到加工出厂"这一过程，对黄曲霉毒素危害进行了针对性地HACCP体系分析。

3. 花生黄曲霉毒素污染状况

黄曲霉毒素污染的商品种类多，包括花生、玉米、麦类、豆类、

坚果类等产品，其中，花生黄曲霉毒素检出率最高。花生中黄曲霉毒素平均检出率达 84.0%，黄曲霉毒素 B_1 含量为 1~8 000μg/kg。不同国家黄曲霉毒素污染率不尽相同，有的高达 100%，而有的则为 50% 左右，其中美国花生黄曲霉毒素污染率达到 90%。当然，这与许多因素有关，如不同国家气候条件存在差异，花生种植储存加工条件方面也不尽相同，检测结果受到包括采制样品和检测能力差异等多种因素的影响。据统计，2011 年，山东黄岛口岸共进口花生及制品 149 批，15 634.8t，货值 1 879.2 万美元，与上年相比分别增长 218.8%、344.8% 和 422.4%，增长趋势明显。由山东黄岛检验检疫局实施检验检疫的花生及制品 23 批次，其中检出不合格产品 11 批，不合格批次达 48%，不合格原因全部为黄曲霉毒素超标。其中，检出黄曲霉毒素最高值达 242.2 μg/kg，超出国家标准 10 倍多。根据淮安检验检疫局统计，2004 年江苏出口花生黄曲霉毒素阳性检出率为 30.2%，黄曲霉毒素 B_1 含量为 0.4~614.9 μg/kg，黄曲霉毒素总量（B_1+B_2+G_1+G_2）为 0.4~632.3μg/kg；花生制品中黄曲霉毒素阳性检出率为 29.3%，黄曲霉毒素 B_1 含量为 0.4~207.0μg/kg，黄曲霉毒素总量为 0.4~242.4μg/kg。

4. 花生黄曲霉毒素产生主要影响因素

在自然基质中，黄曲霉（*Aspergillus flavus*）生长和黄曲霉毒素的产生受许多因素影响，包括营养基质类型、真菌种类、基质中水分含量、矿物元素的存在、环境相对湿度、温度和颗粒的物理损伤等。黄曲霉在 12~42℃温度时能够产生黄曲霉毒素，但最佳产毒温度为 28~30℃。花生中黄曲霉生长所需的最低水分含量为 8%~10% 和约 82% 相对湿度，在花生中产生黄曲霉毒素的最适水分含量为 15%~35%。与成熟良好的花生粒相比，不成熟的、破碎的、较正常小的、松壳的、像油脂腐臭的和异色的花生粒更易受到污染。花生壳受伤利于霉菌侵染，产生黄曲霉毒素。机械损伤也可以提高花生在储存过程中的吸水性，因此导致由于花生粒水分含量的增加而引起霉菌污染发生的增加。花生受到干旱胁迫也可增加污染的风险。

5. HACCP 原理在花生黄曲霉毒素预防和控制中的运用

引入"从农田到餐桌"的整体系统黄曲霉毒素控制的理念，结合"危害分析和关键控制点"的原理，以烤制花生果为例对花生黄曲霉毒素的预防和控制进行了分析。

6. HACCP 小组

在进行风险分析之前，要组建一个 HACCP 小组，该小组应包括：HACCP 专家或经过 HACCP 专门培训的人员，工厂管理人员，工厂质量保证人员，真菌毒素专家或真菌学家（聘请），采购和销售经理，实验室人员，农业部门和农民代表等。

7. 终产品描述和预期用途

具体见表 3-1。

表 3-1　终产品描述和预期用途

产品名称	炒制花生果
描述	带壳的、经过炒制的花生
客户的详细要求	成熟、饱满、无霉斑和腐臭等，黄曲霉毒素限量 $B_1 \leqslant 2\mu g/kg$、总量（$B_1+B_2+B_3+B_4$）$\leqslant 4\mu g/kg$，出口欧盟
储存条件（终产品）	环境温度
货架期	6 个月
预期用途	小吃食品
包装	塑料封装
目标消费者	欧盟国家的一般消费者

（二）HACCP 原理防控程序的建立

1. 各步骤黄曲霉毒素污染风险的分析

花生商品流程见图 3-2。

在农户（场）收获前至花生果储存的过程中，黄曲霉毒素污染的分析如下：收获前，很可能污染黄曲霉毒素，并与果壳损伤有关，如机械伤或虫咬伤，在干旱造成水分胁迫，花生荚也增加花生污染黄曲霉毒素的风险；花生果在收获过程也可能污染黄曲霉毒素，并与果壳损伤有关，如机械伤；花生果干燥，通过干燥在储存前将水分降低至"安全"水平，来减少黄曲霉毒素污染；花生果储存时，如果在"非安全"水分条件下进行，特别是在花生壳受损时，黄曲霉毒素污染可能发生。

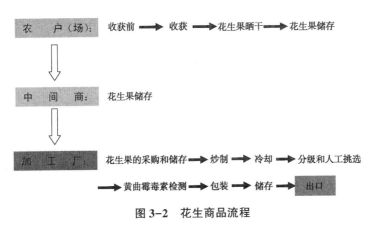

图 3-2　花生商品流程

在中间商的储存过程中，储存条件控制不当时，特别是储存环境比较潮湿时，有可能污染黄曲霉毒素。

在加工厂生产加工过程中，黄曲霉毒素污染风险分析如下：当花生果已干燥至"安全"水分时，工厂采购和储存花生果，污染黄曲霉毒素的风险低；炒制，该步不可能增加污染，但也无法将黄曲霉毒素消除；冷却，这一步由于炒制步骤已将水分含量降低在"安全"水平以下，在短时间内污染黄曲霉毒素的可能性很小，但应当将生熟分开以免交叉污染；分级和人工挑选，该步骤黄曲霉毒素水平可显著的被降低；黄曲霉毒素检测，没有污染黄曲霉毒素的风险，可以了解货物中黄曲霉毒素的污染水平；包装，该步骤本身没有污染黄曲霉毒素的任何风险，但如果包装不当导致回潮，可能引起后续步骤黄曲霉毒素污染；终产品的储存，一般情况通常是短暂的，污染黄曲霉毒素的风险很小，如果储存时间较长，还应当控制储存温湿度；出口，出口运输一般采用海运方式，如包装不当或包装受损，货物受潮发霉的风险较大，污染黄曲霉毒素的可能性也较大。

2. 可能的黄曲霉毒素污染控制措施

通过物理隔离法将污染黄曲霉毒素的花生果去除是将一批货物中黄曲霉毒素含量减少到可接受水平的最有效的控制措施，例如，手工分拣，规格筛选，拒绝污染过重的原料。将花生的水分活度（a_w）降低到 0.82 短期储存或 0.70 长期储存，来防止霉菌生长和黄曲霉毒素污染，或通过真空包装或充氮气包装来阻断黄曲霉毒素产毒真菌的侵染。

3. 防控黄曲霉毒素污染 HACCP 计划工作表的建立

HACCP 计划工作表（表 3-2）。

表 3-2　HACCP 计划工作表，烤制花生果

阶段	步骤	危害描述	可能的控制措施	控制	关键限值	监视程序	纠正措施	记录
生产	农田收获前	发霉	选择抗病品种（长期），减少土壤和空气中的孢子量	GAP	去除病株	视觉观察	如拔除病株等	农民
	农田收获	发霉	通过农民检验米去除不完整粒，包括损伤、色变、霉变、发育不良等；地面铺上防水油布	CCP1	不完整粒的水平	视觉观察	重新分拣	农民
	农田干燥	发霉	储存前完全干燥（安全水分根据研究结果）	CCP2	需要研究	干燥时间计时	增加干燥时间去除霉变花生果	农民
储运	农田花生果储存	发霉	高于地面堆放或有一个好的覆盖物	GSP				
		虫害	杀虫剂处理	GSP				
	中间商花生果储存	发霉	高于地面堆放或有一个好的覆盖物	GSP				
		虫害	杀虫剂处理	GSP				
	花生果获取和储存	发霉	获得良好带壳花生	GMP				
			高于地面堆放或有一个好的覆盖物	GSP				
		虫害	杀虫剂处理	GSP				

（续表）

阶段	步骤	危害描述	可能的控制措施	控制	关键限值	监视程序	纠正措施	记录
加工	工厂烤制	黄曲霉毒素	烤制后水分含量一律达到一定水平	CCP3	温度和时间参数	温度记录表、计时器	修正缺陷/重新烤制	工厂记录
	工厂冷却	黄曲霉毒素	时间不宜过长	GMP		计时器	修正缺陷/重新烤制	工厂记录
	工厂工人挑选	黄曲霉毒素	去除不完整粒，包括损伤粒、松壳粒、霉变粒、异色粒、发育不良粒等	CCP4	去除不完整花生粒到一定水平	等级核查	重新人工挑选	工厂记录
	工厂黄曲霉毒素检测	黄曲霉毒素	从生产线采30kg样品送实验室进行黄曲霉毒素分析		欧盟限量：$B_1 \leqslant$ 2μg/kg；总量$\leqslant$ 4μg/kg	使用HPLC进行黄曲霉毒素精准检测	拒绝不满足黄曲霉毒素要求的批次	工厂记录
	工厂包装	黄曲霉毒素	密封包装，可选真空包装或充氮包装	GMP				工厂记录
	工厂储存	黄曲霉毒素	环境温湿度，低于或等于10℃进行保存，控制湿度	GSP				工厂记录
	工厂出口	黄曲霉毒素	选择满足客户要求的产品；集装箱底部垫上纸板，四周以及顶加纸板	GMP				工厂记录

4. 建立验证程序

对HACCP计划进行季度审核，根据需要及时进行修订。

5. 建立文件和记录保持

HACCP计划完全成为文件，对每个CCP点建立良好的记录。

（三）花生食品黄曲霉毒素污染防控HACCP体系建立的注意事项

HACCP体系是通过对整个商品系统进行有组织地、有系统地管理来控制食品安全一种方法。它要求对原因与结果有一个良好的理解，以便起到更好的事先预防作用。HACCP体系建立在已很好建立起的质量管理体系的基础上，如良好作业规范（Good Manufacturing Practice，GMP）、良好卫生规范（Good Hygienic Practice，GHP）、良好农业规范（Good Agricultural Practice，GAP）和良好储存规范（Good Storage Practice，GSP）等。

由于受诸多因素的影响，我国花生种植大部分属于一家一户种植为主，种植管理和收获手段落后，虽说总种植面积很大，还未形成真正意义上的大规模的农场式耕种。因此，真正全面推广和运用 GAP 等科学管理方式仍然面临很大困难。

1. 根据花生的整个商品流程，全面分析花生黄曲毒素危害的特点

在花生的商品体系中，影响黄曲霉毒素产生的环节不是单一的，而是受诸多环节影响。因此，在危害分析过程，采取全过程分析的方法进行。花生黄曲霉毒素与农药等其他化学残留污染的特点不同：前者在花生种植、收获、原料储存、加工、成品存放及运输等全过程，如果处理不当均有可能污染霉菌，导致黄曲霉毒素污染；黄曲霉毒素在花生中发生往往不均匀，有可能在一批货物中由于少量花生污染了黄曲霉毒素而导致整批产品黄曲霉毒素超标；花生黄曲霉毒素污染的发生往往与霉变粒、受损伤、发育不良粒等有关，因此采用去除具有以上特征的花生可以降低花生黄曲霉毒素的污染水平。后者往往主要由于在花生种植过程施用农药不当而造成的，同时在后续流程中不会增加或减少，也无法消除；在同样施药条件下，其农药残留污染水平往往是相同的；农药残留超标并不表现出外观特征，因此无法通过挑选等手段降低花生农药残留的污染水平，其控制的关键在于种植环节。

2. 降低黄曲霉毒素污染水平和预防黄曲霉毒素再污染的步骤宜作为关键控制点

花生在农田的流程中，收获步骤将霉变的、受损伤、发育不良的和异色的花生果去除，能够大大降低花生中黄曲霉毒素的污染水平，达到规定要求，该步骤应当确定为 CCP 点。花生果晾晒步骤目的是将花生中的水分含量降低至安全水平，以防止黄曲霉毒素的再污染，在农田的后续步骤中没有类似环节，因此，该步骤应当作为 CCP 点。

花生在工厂的流程中，烤制步骤能够将花生中水分含量降低至安全水平，而后续步骤中没有类似措施，因此该步骤应为 CCP 点。人工挑选步骤中，将包括损伤的、霉变的、发育不良的、松壳的花生果去除，能够将花生中已存在的黄曲霉毒素降低至可接受水平，因此该步骤也应当作为 CCP 点。而黄曲霉毒素检测步骤，也可作为 HACCP 体系的验证措施。

3. 花生中黄曲霉毒素危害的预防和控制措施，主要是控制花生水分含量和去除霉变、受损伤、发育不良和异色等花生果措施

花生中黄曲霉菌生长及黄曲霉毒素污染发生的几个主要因素是水分含量、温度和氧气。另外，受损伤、发育不良等的花生果可以增加真菌孢子侵入的概率，进而增加黄曲霉毒素污染的风险。

因此，在采取控制措施时，主要有两方面的措施：一是预防黄曲霉毒素再污染的风险。在这方面，应当充分考虑花生果水分含量的控制，包括收获时应当及时将花生水分降至安全水平，在储存过程应当防止花生再次受潮，包装也应当防止受潮以避免后期过程增加污染黄曲霉毒素的风险。二是降低黄曲霉毒素污染水平。作为食品，目前去除或降低花生产品黄曲霉毒素最有效的方法是人工挑选，对受损伤的、霉变的、发育不良的、花生壳松散的、油腐的或异色的花生果进行剔除，这样能够有效地降低黄曲霉毒素污染水平；中国农业科学院农产品加工研究所的刘阳研究员研究小组经过多年的研究，已经开发出了霉变花生分选机，该分选机可精准、高效、快速剔除黄曲霉污染的霉变花生，大大降低花生黄曲霉毒素污染水平。

第四章　转基因花生及其安全性评价

在花生种植业的发展过程中，花生品种改良无疑发挥了重要作用，但由于缺少有效、可利用的基因资源，花生常规育种尚不能完全解决一些重大菌、病、虫、草害问题，抗旱等抗逆性状也有待改善。转基因花生研究不仅为提高花生对有害生物的抗性，以及增强其抗逆性提供了可能，而且对改善花生的品质、和作为生物反应器开拓新的市场展现了新的前景。自从美国 Ozias-Akins 等于 1993 年首次获得转基因花生植株以来，随着花生转化和再生技术的改进，获得越来越多的以抗性、品质改良和疫苗生产为目标的转基因花生植株和品系。尽管与玉米、大豆和油菜等重要大田作物相比，转基因花生尚未实现商品化生产，但不少已进入大田或应用试验阶段，取得了长足的进步。

一、转基因花生的生产现状

近年来，以病虫和除草剂抗性、品质改良和疫苗生产为目标的转基因花生研究取得显著进展，进入田间试验的分别有抗番茄斑萎病毒、印度花生丛矮病毒、褐斑病和小菌核病的转基因花生品系，制备牛瘟病毒疫苗的转基因花生品系也进入了牛的临床免疫试验（表4-1）。

表4-1　转基因花生研究进展一览表

目的和筛选基因 Target gene	选育目标 Transformation aim	转化技术 Transformation technology	研究进展 Research progress
TSWVN、hph	对 TSWV 病毒抗性	基因枪，体胚外植体	田间试验

（续表）

目的和筛选基因 *Target gene*	选育目标 *Transformation aim*	转化技术 *Transformation technology*	研究进展 *Research progress*
IPCV*CP*、*hph*	对 IPCV 病毒抗性	农杆菌 C58 菌株	田间试验
PStV *CP*	对 PStV 病毒抗性	基因枪，体胚外植体	实验室抗性鉴定
PStV *CP*、*hph*	对 PStV 病毒抗性	基因枪，体胚外植体	实验室抗性鉴定
Chitinase、*npt* Ⅱ	对花生叶斑病抗性	农杆菌 LBA 4404 菌株	田间试验
Chitinase、glucanase	对花生小菌核病抗性	基因枪，体胚外植体	田间试验
Oxalate oxidase、*hph*	对花生小菌核病抗性	基因枪，体胚外植体	实验室抗性鉴定
Chitinase、glucanase、*npt* Ⅱ	对花生真菌病害抗性	农杆菌 LBA - 4404，丛生芽外植体	获得转化系
Cry1A（c）、*hph*	对非洲蔗螟抗性	基因枪，体胚外植体	实验室抗性鉴定
CPTI、*npt* Ⅱ	对棉铃虫抗性	农杆菌 LBA - 4404，胚轴外植体	实验室抗性鉴定
CPTI、*Bar*	抗虫性	农杆菌 GV 3850 菌株，小叶外植体	获得转化系
Arah2、*hph*	抗过敏	基因枪，体胚外植体	获得转化系
γ-*TMT*、*Bar*	增加 γ-维生素 E	农杆菌	获得转化系
HPVH、npt Ⅱ	牛瘟病毒疫苗	农杆菌 EHA 105	牛临床试验
HBsAg、*hph*	乙肝疫苗	农杆菌 EHA105 菌株，半胚外植体	小鼠试验

（一）抗真菌病害转基因花生研究

由真菌引起的花生病害有数十种，重要的包括主要感染叶片等花生地上部分的叶斑病、锈病和网斑病等，以及主要感染根、茎和荚果的茎腐病、白绢病和菌核病等。真菌病害的流行常给花生生产带来重大损失。由于一些重要病害缺少抗源，通过基因工程技术增强花生对病害抗性成为这类病害防治的必然选择。

1. 对花生褐斑病的抗性

印度科学所 Rohini 和 Sankara Rao（2001）应用农杆菌介导转化，

获得表达烟草几丁质酶基因的转基因花生。Southern blot 分析证明外源基因稳定整合到 T_0 和 T_1 代转化系基因组，外源几丁质酶基因表达导致一些转基因花生高水平酶的活性。

在花生褐斑病病原菌（*Cercospora arachidicola*）分生孢子悬浮液接种试验中，有 60 株 T_1 代转基因植株和 20 株非转基因植株（对照）参试。接种 2 周后观察有 46 株转基因植株表现抗病，10 株表现中抗，6 周后有 8 株抗病植株变成中抗。表现抗性的植株在接种 2 周和 6 周后，叶片均表现健康无症，几丁质酶活性比对照增加 4~9 倍。表现中抗植株 9~10 天后表现症状，最终每个植株产生 1~3 个 2mm 大小病斑，抗性增加与 2~5 倍几丁质酶活性增加相关。而 20 株非转基因植株和 4 株转基因植株表现感病，接种 6 天后叶片出现黄斑，随后发展成不规则或圆形的暗褐斑，2 周后，病斑占了叶片很大部分，每片叶有 2~3 个 4mm 大小病斑。小规模田间试验表明转基因花生对花生褐斑病的抗性增强，几丁质酶活性增强在不同程度上增强了对花生褐斑病的抗性。

2. 对花生小菌核病的抗性

由 *Sclerotinia minor* Jagger 引起的花生小菌核病是一种土传病害，发生在美国西南部花生生产州，严重时可以造成 50% 产量损失。美国俄克拉何马州农业部试验站 Chenault 等（2002，2003）首次报道应用花生品种 Okrun 体胚为外植体，通过基因枪介导转化，获得表达水稻几丁质酶和苜蓿葡聚糖酶的转基因花生品系，两种外源基因在转基因花生中稳定遗传和表达。同时在温室条件下对这些转基因花生对小菌核病的抗性进行了鉴定。

在 2000—2002 年期间，对 32 个转基因花生品系对小菌核病的抗性进行田间小区鉴定，西南蔓生为抗病对照。在 3 年期间，参试大多数转基因花生品系表现抗性，其中，以 188、西南蔓生、416、540 和 654 品系抗性最强，平均发病率分别为 0.0%、1.0%、10.0%、14.0% 和 16.0%；而感病对照 Okrun 平均发病率高达 58.0%。所有其他品系均具有不同程度抗性，平均发病率至少比 Okrun 低 15.5%

（Chenault et al.，2005）。

此外，4 个转基因花生品系和 3 个蔓生品种（Okrun、Georgia Green 和 Tifton 8）用于佐治亚 Tifton 试验站田间小区试验，评价收获后黄曲霉毒素的污染。Georgia Green 表现高抗黄曲霉毒素的污染，随后相近的是 K24、K34 和 Tifton8。K24、K34 两个转基因花生品系黄曲霉毒素污染显著低于未转基因的母本品种 Okrun（Chenault et al.，2004）。检测真菌病害抗性增强的转基因花生品系 188、540 和 654 种子营养成分中的活性物质包括维生素 E、植固醇、磷脂组成，与未转基因对照 Okrun 相比，这些物质没有明显的改变（Jonnala et al.，2006）。

由于 *S. minor* 分泌的草酸与其致病性相关，美国佛吉尼亚州立大学植病系 Livingstone 等将草酸氧化酶基因导入花生，以提高对小菌核病的抗性。通过基因枪介导花生体胚转化，获得花生转基因品系。Southern blot 和 Northern blot 分析分别验证外源基因的整合和表达，并对草酸氧化酶活性进行定量分析。草酸离体叶片试验表明，与非转基因花生对照相比，转基因花生病斑显著变小，在高浓度草酸情况下减小 65%～89%。在 *S. minor* 菌丝块接种试验中，转基因花生病斑减小 75%～97%，草酸氧化酶活性增强提高了花生对小菌核病的抗性（Livingstone et al.，2005）。

国内福建农林大学单世华等（2003）以农杆菌为介导，将几丁质酶和苜蓿葡聚糖酶基因转化花生，获得转基因植株，通过 PCR 检测和 Southern blot 杂交试验验证，目的基因已整合到花生基因组。但未见到对转基因花生抗病鉴定的报道。

（二）抗病毒病转基因花生研究

花生病毒病是一类常见的花生病害，经济上重要的有 8 种，广泛分布在世界各主要花生产区。通过导入病毒自身基因以提高植物抗性是病毒病防治的新途径。1984 年首次报道抗烟草花叶病毒的转基因烟草以来，目前已在马铃薯、番茄、烟草和西葫芦等多种作物取得成功。在美国，进入商品化生产的有抗番木瓜环斑病毒转基因番木瓜、抗西葫芦黄瓜花叶病毒和西瓜花叶 2 号病毒转基因西葫芦等；国内也有抗烟草花叶病毒转基因烟草、抗黄瓜花叶病毒转基因番茄和甜椒等。至今，以提高病毒病抗性为目标的转基因花生研究针对以下 3 种主要花生病毒。

1. 对番茄斑萎病毒的抗性

20 世纪 80 年代以来，番茄斑萎病毒（Tomato spotted wilt virus, TSWV）再次成为影响美国东南部州花生的主要病毒。1985 年，TSWV 造成美国德克萨斯州花生损失接近 50%，而佐治亚州从 20 世纪 80 年代末以来病害损失估计达 4 000 万美元。

TSWV 寄主范围广泛，被蓟马传播，花生种质资源对 TSWV 抗性有限，难以选育出对 TSWV 具有抗性的新品种。因此，在美国佐治亚大学相继有园艺系、土壤和作物系、植物病理系 3 个实验室开展了抗 TSWV 的转基因花生研究，其中前两个实验室获得的转基因花生品系进入了田间试验。

佐治亚大学园艺系 Ozias-Akins 教授研究小组于 1998 年首次报道通过基因枪介导转化，获得转 TSWV 衣壳蛋白（N）基因的花生植株。Southern blot 杂交试验证实 N 基因整合进花生基因组，ELISA 试验表明 T_0 代转基因植株中 N 蛋白的表达，后代以 3：1 比例分离。在温室内，由于 TSWV 的流行，大多数转化系病枯死，仅 T62 转化系多数植株存活下来，并结了果（Yang et al.，1998）。1999 年对 T62 转基因花生后代开展田间试验，432 株转基因花生均来源于同一母本 62-2a。3 次调查转基因花生发病率为 5%～13%，显著低于未转基因对照（Marc I）的 12%～39%。其中 329 株酶联检测 N 蛋白阳性花生发病率为 4%～11%，而 103 株 N 蛋白阴性花生发病率为 11%～22%。2000 年田间试验，ELISA 试验 N 蛋白阳性的花生增加到 363 株，而阴性的仅 37 株，阳性株发病率为 9%～16%，阴性株为 30%～43%。转基因花生小区病指为 13.0，平均小区产量 2.90kg，与未转基因对照小区病指为 55.8，小区产量 1.89kg 相比，达到显著性水平。抗性对照品种 Georgia Green 小区病指为 21.0，平均小区产量 2.57kg（Yang et al.，2004）。

2001 年参试的转基因 00-11、00-13、00-18 和 00-51 花生亚系几乎是纯系，ELISA 阴性植株仅 3%。在佐治亚州、佛罗里达州和俄克拉何马州 3 地试验中，以转基因亚系 00-13 表现最好，病指分别为 6.7、3.5 和 2.9，产量分别为 5.8、3.72 和 5.8kg/小区；其次是 00-51、00-11 和 00-18 亚系，均好于抗性对照 Georgia Green（病指分别为 23.3、21.1 和 8.8，产量分别为 4.19、4.23 和 5.08kg/小区）。而未转基因对照 Marc I 病指分别高达 58.3、41.9 和 15.8，产量分别仅 2.77、2.10 和 4.79kg/小区。在人工接种试验中，非转基因对照和感病对照（Georgia Runner）感染率分别为 93.3% 和 91.9%，抗病对照 C1122239 为 77.1%；而转基因花生品系为 48.9%，与对照的差异均达到显著水平。

佐治亚大学土壤和作物系 Parrott 教授研究小组通过基因枪介导转化花生品种 VC1 和 AT120 体胚，分别获得 207 个和 120 个潮霉素抗性转化系。但所有再生的 VC1 品种转基因植株均不孕。AT120 品种 48 个转基因细胞系长成植株，15 个转化系含 N 基因，仅两个系结实。1998 年在佐治亚 Ashburn 用这两个转化系 3uu 和 5ss 后代，在 TSWV 严重流行的田间进行抗性鉴定。在播种后 10 周和 14 周，调查症状和 ELISA 分析。在 14 周后，转 N 基因植株 76% 无症状，仅 2% 症状严重或枯死，而不含 N 基因植株仅 42% 无症状，50% 症状严重或枯死，差异非常显著（Magbanua et al.，2000）。

2. 对花生条纹病毒的抗性

花生条纹病毒（Peanut stripe virus，PStV）广泛分布于包括中国、印度尼西亚、缅甸等东亚和东南亚花生生产国，并随着花生种质资源交换，传播到美国、印度等国。PStV 是我国花生上分布最广的一种病毒，广泛流行于北方花生产区。该病毒通过花生种传，被蚜虫在田间扩散，防治难度大。国内外对近万份花生种质资源材料进行筛选，均未在栽培花生资源中发现有免疫和高抗材料（许泽永，1994；

Demski et al. , 1993）。

20 世纪 90 年代，澳大利亚、中国和印度尼西亚开展合作研究，通过基因枪轰击体胚愈伤，转化包含 PStV 全长非转译的（CP2）或 N 端截断的可转译的（CP4）壳蛋白基因，获得 Gajah 和 NC7 两个花生品种转基因植株。在温室用同源 PStV 印尼分离物接种鉴定，15 个转基因系中，8 个表现高抗、症状延迟和减轻以及症状恢复。其中，CP2 2 个高抗，CP4 2 个高抗。而接种的未转化对照株均 100% 感染，表现清晰的斑块症状和 ELISA 阳性（Higgins et al. , 2004）。但是，这些表现抗性的 CP2 和 CP4 转基因系在我国无论是人工接种或隔离条件下自然感染均表现感病，而陈坤荣等用同样的载体构件转化我国花生品种，在数个转基因系当中也未能获得抗性系（陈坤荣，2004），推测原因可能是 PStV 中国分离物和印尼分离物基因组序列约有 5% 差异的缘故。最近，中国农业科学院油料研究所构建了 PStV 中国分离物 CP 基因表达载体，通过农杆菌转化获得数个转基因花生系，在人工接种条件下表现无症状或症状延迟出现（许泽永等，未发表资料）。

3. 对花生丛矮病毒的抗性

花生丛矮病毒（Peanut clump virus，PCV）分布于塞内加尔、尼日尔和布基纳法索等西非花生生产国，而印度花生丛矮病毒（Indian peanut clump virus，IPCV）分布于印度和巴基斯坦，是影响这些国家花生生产的重要病毒。据统计，在印度每年由于 IPCV 造成的损失超过 3 800 万美元。PCV 和 IPCV 由真菌土传，能在土壤中残留多年，病害难于防治。印度国际半干旱热带地区作物所对 9 000 份花生种质资源材料筛选，未发现抗源（Reddy et al. , 2003）。

印度国际半干旱热带地区作物所以花生子叶为外植体，应用携带 IPCV *CP* 基因双元载体的农杆菌 C58 菌株转化，获得大量转基因植株。70 多株转化单株转移到温室。通过 PCR 扩增和 Southern blot 杂交验证，证实 T_1 代花生中外源基因的整合和稳定的遗传，其中 70% 转化株插入单个拷贝。分析单个转化株 T_1 的 35 个转基因植株说明插入的单个拷贝以 3∶1 的孟德尔比例分离（Sharma et al.，2000）。虽未见到具体的转基因花生抗性鉴定结果，但该所所长 William D. Dar 向新闻界透露通过大量分子鉴定和温室内预备试验，经印度政府生物技术部的批准获得了转基因花生在控制下开展田间试验（www. hinduonnet. com/2002/09/14/stories/2002091405500700. htm）。

（三）抗除草剂转基因花生研究

杂草危害是花生生产突出和普遍性的问题，常给生产带来很大损失。如果作物本身对除草剂具有抗性，除草剂应用可以延迟，以尽可能少的除草剂达到防治效果。抗除草剂作物提供了防治杂草和减少生产成本的有效途径。

2001 年，美国北卡罗来纳州大学作物科学系的 Weissinger 等用来源于大豆的"CYP71A10"基因转化花生品种 NC7。该基因编码 P450 单氧化酶，能够代谢苯脲类除草剂，如林鲁隆（linuron）和伏草隆（fluometuron）等。初步试验证明该基因在烟草中表达，转基因烟草对林鲁隆的抗性提高了 10 倍。

虽然 Weissinger 等的研究获得大量转基因花生品系，但大约 100 个转基因系用于分析，没有发现携带具有功能的 CYP71A10 基因，这一结果说明需要筛选更多可能的转基因系，而获得更多的转基因系已超出该试验室的能力。Weissinger 等建议提高转化设备，并相信通过条件的改善可大幅度增加转基因花生品种的数量，最终获得抗林鲁隆的转基因花生（www. aboutpeanuts. com/vcpnewsdownload. php）。

（四）抗虫害转基因花生研究

1997 年，美国佐治亚大学园艺系 Singsit 等将杀虫结晶蛋白基因 CryIA（c）通过基因枪介导转化花生，获得 119 个转化植株。PCR 检测 77% CryIA（c）基因阳性，Southern blot 验证 26 个 PCR 阳性细胞系中有 24 个产生杂交带，多数细胞系中有多个烤贝基因的整合。ELISA 免疫分析结果表明转基因花生植株表达的 CryIAc 蛋白含量高达全部可溶性蛋白的 0.18%。昆虫饲育试验发现转化植株对非洲蔗螟存在不同程度抗性，从完全的幼虫致死至幼虫体重减少 66%。CryIAc 蛋白水平越高，而幼虫存活百分比或幼虫体重越低，表明含 *CryIAc* 基因的转基因花生可以有效减少非洲蔗螟幼虫的为害。由于黄曲霉属病菌侵入与非洲蔗螟等地下害虫为害相关，因此转基因花生对非洲蔗螟的抗性有助于减少黄曲霉毒素感染。

山东省农业科学院徐平丽等通过农杆菌介导，以胚轴为外植体，将具有抗虫效果的豇豆胰蛋白酶抑制剂（*CpTI*）基因转化花生，获得鲁花 9 号等 4 个品种的转化植株。PCR 和 Southern 杂交试验验证，*CpTI* 基因已整合到大部分花生转化植株的基因组。棉铃虫饲喂 3 天后，非转基因对照组花生叶片被咬食严重，幼虫生长快（增重 224.3%~301.2%）；而饲喂转基因花生幼虫食量少、生长缓慢（增重仅 20.4%~38.5%），死亡率 50%~80%。汕头大学庄东红等也通过农杆菌介导，将 *CpTI* 基因转化花生，PCR 和 Southern 杂交试验验证 CpTI 基因已整合到花生基因组。但未见抗虫鉴定结果。

（五）品质改良转基因花生研究

1. 减少花生过敏蛋白

人对花生的过敏是抗体 IgE 介导的过敏性反应，在世界范围内越来越普遍，尚未有治疗方法。*Arah2* 是最重要的花生过敏蛋白，Dodo 等（2005）拟通过转录后基因沉默降解内源的靶信息 RNA 的模式来消除花生中的过敏蛋白。为了证明该设想的可行性，用含 *Arah2* 基因编码区片段连接增强的 CaMV 35S 结构启动子来构建质粒，通过微粒子轰击体胚转化花生，获得转基因花生系。PCR 和 Southern blot 分析证实 *Arah2* 基因已稳定地整合进花生基因组。Northern blot 杂交说明 *Arah2* 基因在成熟的花生植株的所有营养组织内稳定表达，因此预期 *Arah2* 基因能在种子转录，激发特异地降解内源的 *Arah2* 信息 RNA。但尚未见转基因花生的种子 *Arah2* 蛋白检测结果的报道。

2. 增加有效维生素 E 含量

植物油中天然维生素 E 主要存在 4 种成分，以 α-维生素 E 生物活性最高。γ-维生素 E 是生物合成 α-维生素 E 的前体，多数油料作物 α-维生素 E 含量低是由于 γ-维生素 E 甲基转移酶（γ-TMT）表达不够，未能将 γ-维生素 E 转化为 α-维生素 E 的缘故。山东农业大学刘风珍等采用携带 γ-TMT 基因表达载体 pGBVE 的农杆菌对花生品种鲁花 11 和丰花 2 号进行遗传转化，获得 14 株 PPT 抗性苗，经 PCR 检测发现，γ-TMT 基因已整合在花生基因组中。但未见增强 γ-TMT 基因在种子内的表达以及对提高种子 α-维生素 E 含量作用的报道。

（六）转基花生生物反应器研究

1. 牛瘟病毒疫苗

牛瘟病毒（Rinderpest virus，RPV）引起牛、羊等反刍动物高度传染性病害。虽然已有高效 RPV 减毒疫苗，但由于在运输和贮藏过程中缺少冷藏条件影响疫苗的使用，RPV 仍然危害很多热带发展中国家畜牧业生产。在印度，收获后花生茎蔓用作牲畜的饲料。利用花生作为生物反应器生产重组亚基疫苗，是对牛、羊及野生生物的大批量免疫有效和经济的途径。印度科学研究所微生物和细胞研究室 Khandelwal 等（2003a）通过农杆菌介导的茎尖组织的转化，获得表达 RPV 血凝素（H）蛋白的转基因花生植株。PCR 和 Southern 杂交证实 RPV H 基因已整合进花生基因组。用多克隆 RPV H 抗体的免疫点迹分析证实 T_1 转基因花生中血凝素蛋白的表达。该实验室用转基因花生提取物对试验鼠腹膜内免疫，产生的抗血清对 RPV H 蛋白有很强特异性抗体反应，免疫 9 周后仍然保持免疫能力，这些抗体在体外可以中和病毒感染力。在转基因花生口服试验中，免疫小鼠产生对 H 蛋白特异性抗血清含 IgG 和 IgA 两类抗体，证明转基因花生 H 蛋白对动物具有系统和口服免疫能力（Khandelwal et al.，2003b）。

以转基因花生叶片饲喂试验牛，叶片中 RPV H 蛋白占所有可溶性蛋白的 0.2%~1.3%。第 1 次免疫饲喂 7.5g 转基因花生叶片，相隔 1 周，随后两次分别饲喂 5g。通过竞争性 ELISA 试验、感染细胞的免疫染色证明饲喂转基因花生叶片的牛血清中产生了 RPV H 蛋白的特异性抗体，能够与 RPV 抗原产生免疫反应；饲喂未转基因花生叶片对照牛血清呈阴性反应。体外试验表明，3 头饲喂转基因花生叶片的牛血清，免疫后 1 周开始对同源 RPV 有很强的中和病毒感染的能力，保护 50%感染细胞的稀释度（滴度）达到 160~640 倍，中和病毒感染的能力延续到免疫后 70 天；对异源 RPV，参试饲喂转基因花生叶片的牛血清同样产生保护反应，但滴度低一些；对照牛血清无中和病毒感染的能力。上述结果表明在不用佐剂情况下，口服表达 RPV H 蛋白的转基因花生叶片能引起牛的细胞介导的免疫反应（Khandelwal et al.，2004）。

2. 乙型肝炎病毒疫苗

厦门大学陈红岩等（陈红岩等，2002）应用农杆菌介导将乙肝病毒表面抗原基因（*HBsAg*）转化花生，经 PCR、PCR-Southern 杂交、Southern 点杂交等分子实验验证，证实 *HBsAg* 基因已整合到花生基因组。ELISA 检测证实在花生中表达的 HBsAg 蛋白有较好活性。初步定量，花生小芽的蛋白初提液中含可溶性蛋白 1.044g/L，HBsAg 小蛋白占可溶性蛋白的 0.032%，换算为每克转化小芽鲜重含 HBsAg 蛋白约 2.4×10^{-7}g。转基因花生植株初提重组蛋白经纯化、浓缩后，注射小鼠，有明显的特异性抗体产生。口服饲喂已免疫但抗体下降至 0.025（HBsAg ELISA OD 值）的 Balb/c 小鼠，抗体有较强恢复，达到 3.54，表明转基因花生疫苗可以加强口服免疫。

（七）转基因花生研究存在问题及展望

自从美国 Ozias-Akins 等于 1993 年首次获得转基因花生植株以来，虽然在病、虫害抗性、品质性状改良以及疫苗制备等方面，转基因花生研究取得了长足进步，但是远远落后于玉米、大豆、大米和油菜等大田作物，至今尚未进入商品化生产。转基因花生要取得更大发展，早日进入商品化生产，仍有待解决以下 3 方面的问题（许泽永等，2007）。

1. 提高效率、建立规模化的花生转基因技术平台

目前转基因花生研究主要集中在美国、中国和印度 3 个国家，尽管花生转化和再生技术不断改善，越来越多实验室获得转基因花生植株，但作为成熟的转基因花生育种技术，显然需要效率高、规模化的花生转基因技术平台，才能从成百、上千的转基因系中选育出目标性状得到改良，又保留了原有品种优良性状的转基因花生品种。而目前转基因技术仍不能达到这样的要求。

在美国以基因枪介导的花生转基因技术已比较成熟，多个实验室均采用该项技术开展研究。基因枪介导的花生转化以体细胞胚为受体，体细胞的诱导受品种基因型的影响；此外，从体细胞胚的培养、转化体胚的筛选到再生植株长出，周期长。如果扩繁体细胞胚，组培时间将进一步延长，容易导致体细胞变异，再生植株不能正常开花、结实。如 Magbanua 等报道基因枪介导转化获得 300 多株潮霉素抗性转化系，但最后再生转化系，仅有两个是可孕的。

规模化也是个问题，Weissinger 等对近百个花生转化系进行筛选，没有发现携带具有功能的 *CYP71A10* 基因，因设备条件局限，耐除草剂转基因花生研究未能继续下去。因此，该项技术仍有待进一步完善，以达到规模化的要求。

农杆菌介导花生转化技术在中国和印度多个实验室应用，该项技术转化效率低、重复性差，受花生品种基因型影响大。Sharma 等曾报道高效的农杆菌转化技术，以花生成熟种子子叶为外植体，获得大量的（55%）转基因植株。75 株以上转化单株成功地转移到温室。这一突破还有待在其他实验室验证和进一步完善。

2. 确定优先的转基因花生育种目标

优先选择的转基因花生育种目标，显然是常规育种不能解决的重大生产问题，安全而又具有良好产业化前景的性状改良。就安全性来说，花生果、花生油被人们食用，食品安全性方面必然要求严格；但花生是自花授粉植物，外源基因漂移的概率小，环境安全性相对风险较小。有的实验室选择豇豆胰蛋白酶抑制剂基因来提高抗虫效果，显然会影响食品安全性。在农杆菌转化中，对抗生素具有抗性的筛选基因导入花生，也必然会影响到食品安全性的评估。用花生作生物反应器生产人用或畜用疫苗，目的基因必须要有很高的表达量，否则就会增加成本，缺少产业化前景。相信随着更多可利用基因和特异性启动子的发现，会使转基因花生研究目标有更多的选择余地。

3. 有待加大财力、人力的投入

由于花生主要集中在中国、印度等发展中国家，生产规模小于玉米、大豆等主要大田作物，因此对转基因花生研究无论是财力还是人力的投入都远远少于主要的大田作物，这是转基因花生至今尚未能实现产业化的主要原因之一。中国、印度是两个花生生产大国，又是两个新兴的发展中国家，近年经济发展迅速，随着国家财力的增加，对转基因花生研究也必然会加大投入。特别在我国，花生在国际市场上具有较强的竞争优势，处于上升趋势，相信随着市场需求的拉动和政府、企业投入的增加，转基因花生的研发和产业化会进入一个新的发展时期。

二、转基因花生的安全性评价

毫无疑问，植物转基因技术将为农业生产带来一场新的革命，它将为农作物的持续增产和解决下一世纪全球人口爆炸所造成的粮食危机做出巨大的贡献。据国际农业生物技术应用组织（ISAAA）统计，2016 年全球转基因作物种植面积达到约 1.851 亿 hm^2，比 2015 年增长 3%，比 1996 年增加了 110 倍，累计达到 21 亿 hm^2。四大主要转基因作物大豆、玉米、棉花和油菜的种植面积下滑，但仍然是 26 个国家中种植最多的转基因作物。转基因大豆的种植面积最大，为 9 140万 hm^2（比 2015 年的 9 270 万 hm^2 减少了 1%），占全球转基因作物总种植面积的一半。从全球单个作物的种植面积来看，2016 年转基因大豆的应用率为78%、转基因棉花的应用率为64%、转基因玉米的应用率为26%，转基因油菜的应用率为24%。美国是全球转基因作物种植的领先者，2016年种植面积达到7 290万 hm^2，其次为巴西（4 910万 hm^2）、阿根廷（2 380万 hm^2）、加拿大（1 160万 hm^2）和印度（1 080万 hm^2），总的种植面积为1.682亿 hm^2，占全球种植面积的91%。中国排在第8位，种植的转基因作物有棉花、木瓜和白杨。2016年，有7个发达国家和19个发展中国家种植转基因作物。在转基因技术蓬勃发展、转基因产品大量商品化的同时，对转基因植物及产品的安全性在国际上引起了广泛争论；转基因作物的对农业生物和生态环境的安全性，转基因食品的食用安全性越来越受到各国政府和科学界的重视。目前，转基因作物及产品安全性评价主要集中在大豆、玉米、水稻、棉花、油菜、马铃薯等。转基因花生研究的快速发展和取得重要进展必将在不远的将来转基因花生会进入商品化生产。因此，开展转基因花生的环境安全性和食用安全性评价，为转基因花生环境释放和商品化生产安全性提供理论依据，具有重要意义。

（一）转基因植物安全性评价的必要性

传统的育种技术是通过植物种内或近缘种间的杂交将优良性状组合到一起，从而创造产量更高或品质更佳的新品种。这一技术对21世纪农业生产的飞速发展作出了巨大的贡献。但其限制因素是基因交流范围有限，很难满足农业生产在21世纪持续高速发展的需求。转基因植物是利用重组DNA技术将克隆的优良目的基因导入植物细胞或组织，并在其中进行表达，从而使植物获得新的性状。这一技术克服了植物有性杂交的限制，基因范围无限扩大，可将从细菌、病毒、动物、人类、远缘植物甚至人工合成的基因导入植物，所以其应用前景十分广阔。

之所以要对转基因植物的安全性进行评价，主要的原因有以下几个。

（1）从理论上讲，转基因技术和常规杂交育种都是通过优良基因重组获得新品种的,但常规育种的安全性并未受到人们的质疑,其主要理由是常规育种是模拟自然现象进行的,基因重组和交流的范围仅限于种内近缘种间,而转基因技术则可以把任何生物甚至人工合成的基因转入植物。由于基因互作、基因多效性等因素的影响,人们无法预测外源基因在新的遗传背景中可能产生的表型效应和副作用,也不了解它们对人类健康和环境会产生何种影响。

(2)转基因植物研究的飞速发展,使得大量转基因农作物进入商业化生产阶段。转基因植物的大面积释放,就有可能使得原先小范围内不太可能的潜在危险得以表现,比如通过基因流破坏生态平衡。

(3)目前虽已制定了有关的生物安全的管理法规,但还不完善、执行中受到了来自企业、科研单位及有关组织等多方面的反对,因而有必要通过客观的全面的对转基因植物进行安全评估,为相关法规的制定和执行提供明确的依据。

(4)由于对生物技术缺乏了解,部分群众对生物技术持保留态度,并提出各种各样与安全性有关的疑问。有些国家屡屡出现破坏转基因研究实验室的事件。如 1999 年 6 月,英国转基因速生杨树遭破坏;7 月,激进分子破坏了美国加利福尼亚 0.5hm² 转基因玉米和法国蒙彼利埃的转基因水稻;8 月,英国有 37 个转基因作物的实验点遭到破坏。因此有必要通过科学的安全性评估资料,向社会证明转基因植物建立在坚实的科学基础之上,并在严格的管理监督下有序、安全地进行。

(二)转基因植物安全性评价的原则

转基因植物及其产品风险评估的总原则是在保证人类健康和环境安全的前提下,促进生物技术的发展,而不是限制生物技术的发展。在具体的风险评估实践中,常常遵循一些基本原则,以最大限度地保证风险评估的科学性和评估结果的准确性。目前得到世界经济发展合作组织、世界粮农组织、世界卫生组织以及多数国家认同的安全性评估原则是:科学性原则、熟悉原则、预防原则、个案分析原则、逐步深入原则和实质等同原则（邢福国，2015）。

1. 科学性原则（Science-Base Principle）

对生物安全进行评价必须基于严谨的态度和科学的方法，应充分利用最先进的科学技术和公认的生物安全评价方法，认真实施和进行评价。只有通过进行严格的科学实验、认真收集科学数据和对数据进行科学的统计分析，才能够得到有关生物安全的科学结论，达到生物安全评价的目的。

2. 熟悉原则（Familiarity Principle）

在对转基因植物进行安全评价的过程中，必须对转基因受体、目的基因、转基因方法以及转基因植物的用途和其所要释放的环境条件等因素非常熟悉和了解，这样在生物安全评价的过程中才能对其可能带来的生物安全问题给予科学的判断。如果对上述因素非常熟悉，如非常了解受体植物在农业生态系统中使用的情况，是否曾经有过安全的问题等，那么转基因植物的安全评价过程就可以充分的简化，否则，评价的方式可能要复杂得多，评价的过程也会相对较长。

3. 预防原则（Precautionary Principle）

为了确保转基因植物的环境安全，应广泛采用预先防范原则，即对于一些潜在的严重威胁或不可逆的危害，即使缺乏充分的科学证据来证明危害发生的可能性，也应该采取有效的措施来防止由于出现这种危害而对环境带来的灾难性的后果。这就是说，即使不能充分肯定出现这种危害，管理者也应该采取有效的措施来避免这种严重的或不可逆的危害。

4. 个案分析原则（Case-by-Case Principle）

在对转基因植物进行安全评价的过程中，对不同的个案应采取不同的评价方法，必须针对具体的外源基因、受体植物、转基因操作方式、转基因植物的特性及其释放的环境等进行具体的研究和评价，通过综合全面的考察得出准确的评价结果。因此即使是对于同样的受体植物，如果目的基因或转基因操作方式不同，甚至上述条件均相同，但转基因事件不同，都应该分别对其转基因产品进行生物安全性评价。

5. 逐步深入原则（Step-by-Step Principle）

对转基因植物进行安全评价应当分阶段进行，并且对每一阶段设置具体的评价内容，逐步而深入的开展评价工作。通常对转基因生物的安全评价应该有如下 4 个步骤：在完全可控的环境（如实验室和温室）下进行评价；在小规模和可控的环境下进行评价；在较大规模的环境条件下进行评价；进行商品化之前的生产性试验。

6. 实质等同原则（Substantial-Equivalent Principle）

该原则主要针对转基因植物的食品安全问题，以转基因植物的受体植物（非转基因）为对照，若转基因植物和非转基因对照植物在毒理学、抗营养因子、过敏因子等实验中没有表现显著差异，则可以认为转基因和非转基因植物在食品安全方面具有实质等同性。实质等同原则本身并不是安全性评价，而是用来构建相对于传统亲本的新食品安全性评价的起点。这一概念用来确定新食品与传统亲本食品之间的相似性与差别，有助于确定转基因食品的潜在安全性和营养问题。

（三）转基因植物的环境安全性评价

转基因植物的生态环境安全性评价的核心问题是转基因植物对生物多样性的影响，如转基因作物会跟杂草和野生近缘种杂交。发生基因漂移，改变基因自然进化的模式；转基因作物自身形成杂草或使近缘杂草转变为超级杂草，使自然种群发生变化；转基因抗虫、抗病作物对有益捕食性昆虫、有益微生物产生副作用等。

1. 转基因植物环境安全性评价的目的

转基因植物环境风险评估的目的，就是通过采用适当的原则、程序和方法，确定和评估转基因植物及其产品在研究、开发、使用、环境释放和越境转移过程中，可能对环境以及人类健康产生的不利影响，力求对这些风险提供可靠的定量预测，同时通过采用适当的机制以及与评估结果相适应的技术措施来管理转基因植物及其产品的开发工作。从而使其风险降低到最小程度。

2. 转基因植物环境安全性评价的原则

转基因植物环境风险评估的总原则是在保证人类健康和环境安全的前提下，促进转基因植物及生物技术的发展。在具体评估实践中与转基因植物安全性评价的原则一样，一般也遵循以下6条原则：科学原则、熟悉原则、预防原则、个案评估原则、逐步深入原则以及实质等同性原则。以上6条原则可以最大限度地保证风险评估的科学性和评估结果的准确性。

3. 转基因植物环境安全性评价的方法

安全评价方法主要包括：受体植物的环境安全性评价、基因操作的环境安全性评价、转基因植物的环境安全性评价、转基因植物产品的环境安全性评价。

（1）受体植物的环境安全性评价。了解受体植物与环境安全相关的背景资料；了解受体植物与环境安全相关的生物学特性；了解受体植物的生态环境；了解受体植物的遗传变异；了解受体植物的监测方法和监控的可能性；了解受体植物的其他与环境安全相关的资料。

（2）基因操作的环境安全性评价。评价基因操作是否会提高受体植物的环境安全性；评价基因操作是否并不影响受体植物的环境安全性；评价基因操作是否会降低受体植物的环境安全性。

（3）转基因植物的环境安全性评价。了解转基因植物的遗传稳定性；比较转基因植物与受体亲本植物在环境安全性方面的差异；比较转基因植物与受体亲本植物在对人类健康影响方面的差异。

（4）转基因植物产品的环境安全性评价。评价生产、加工活动对转基因植物环境安全性的影响；评价转基因植物产品的稳定性；比较转基因植物产品与转基因植物在环境安全性方面的差异。

4. 转基因植物的环境监测

按照国际惯例，对转基因植物的环境释放监测是生物安全能力建设的一项重要内容。通过对野外环境中转基因植物的长期监测，一方面为转基因植物风险评估和管理积累数据和信息，另一方面，也可及时发现转基因植物所产生的不良环境影响，以便及早采取有效控制措施。转基因植物环境监测内容因监测目的、转基因植物类型及其环境不同而异。

转基因植物监测内容主要包括：基因转移的可能性以及环境因子对基因转移的影响；转基因植物在生态系统中的竞争、入侵和定居能力的变化，尤其是转基因植物转变成杂草的可能性；转基因植物对靶生物，如对害虫种群大小和进化影响以及非靶标生物，特别是对有益生物和濒危物种的直接或间接影响。在小规模田间试验后，大规模商业化生产时，要积累长期监测数据，促进我国基因工程研究的进步及其产品的出口贸易。

（四）转基因植物的食品安全性评价

转基因植物食品可以定义为：通过基因工程手段将一种或几种外源基因（或基因片段）转移至某种特定植物中，并使其有效地表达出相应的产物（多肽或蛋白质），这样的植物体或其器官直接作为使用的食品或以其为原料加工生产的食品称为转基因植物食品。这里所指的"外源基因"，通常是受体生物中原本没有的。因此，获得了外源基因的生物体会因产生原来不存在的多肽或蛋白质而出现新的生物学和生理学特性，也就是产生了新的表现型。除可采用转基因技术增加外源基因外，还可采用对生物体本身的基因进行修饰的办法，使原基因沉默（不表达）或改变表达方式，从而使植物出现新的表现型，在效果上等同于转基因，但由于其结果与传统方法通过辐射手段或理化诱变手段产生基因突变使植物遗传发生变异的育种结果是相似的，没有外源基因的转入，因此可考虑不把这类遗传操作植物形成的食品归入转基因植物食品。目前，在理论上和技术上，制造转基因植物食品已非难事。迄今为止，转基因粮食作物、转基因蔬菜和转基因水果在国内外均已培育成功并已投放食品市场。

随着生物技术的飞速发展，转基因植物的研究范围越来越广泛，种植面积也在迅猛增加。而且多数都与人类的食品有关。所以近年来转基因植物食品的安全性问题越来越引起人们的关切和重视，传统的毒理学的食品安全评价方法已不能完全适用于转基因食品，各国及国际机构均在制订相应的条例，以便在促进生物技术发展的同时，保障人类健康。

世界卫生组织（WHO）和联合国粮农组织（FAO）于1990年召开的第一届联合专家咨询会议在安全性评估方面迈出了第一步。会议首次回顾了食品生产加工中生物技术的地位，讨论了来源于动物、植物、微生物的各类食品。在对每一类食品讨论时，详细考虑了在进行生物技术食品安全评价时的一般性和特殊性的问题。最后，会议提出了生物技术添加剂和食品的安全评价策略应基于被评价食品/食品成分的分子、生物学和化学的特征，并基于以上方面的考虑来决定对该食品进行传统毒理评价的必要性和评价的范围。会议明确阐述"转基因食品及食品成分的安全评价策略是基于产品被加工过程的充分了解，以及产品本身的详细特征描述"。对于有关毒理评价方面，会议认为"经典毒理实验在整个食品的安全评价方面可以有限度地应用……"即使对于一直使用这些评价程序的食品，也有必要重新回顾，以期开发更新的安全评价途径。

1. 转基因植物食品的安全性

1994年，由Calgene公司研制的延熟保鲜番茄Flavr Savr首例在美国被批准上市，开创了转基因食品商业化的先河。加拿大、澳大利亚和日本也相继批准了商业化的转基因植物。我国1997年批准了转基因延熟番茄的商业化。虽然转基因食品的巨大经济价值已被世人认可，且转基因技术已被广泛运用，但转基因食品对人体健康是否会造成危害，是否有潜在风险，即转基因生物（包括转基因植物食品）的安全性问题，在世界范围内一直受到人们的极大关注。

在政府方面，世界上许多国家都制定了对转基因生物的管理法规和办法，成立了生物安全检测委员会，专门负责对其安全性进行评价和监控，其内容主要集中在环境安全性和食用安全性两方面。例如，美国有3个机构负责转基因植物的安全性。美国农业部（USDA）负责作物的安全性及食品对健康的影响，国家环保局（EPA）负责转基因植物对环境的影响，食品与药物管理局（FDA）负责食品和药物的安全性。这3个机构相互协调工作，目的是通过对转基因植物的管理，既要获得最大的收益，又要保护农业、环境和人体健康。我国已公布的《中国生物安全国家框架》的法规，规定了本着对全人类和子孙后代长远利益负责的态度，从生物安全性问题的广泛性、潜在性、长期性、严重性上做好生物安全管理工作，同时要求对进口的转基因食品进行严格的安全性检测，从根本上做到真正确保消费者的利益。

从公众的角度上看，由于不同人的认识水平及社会信仰不同，对转基因食品的看法自然不同。即便是在美国和加拿大，尽管两国的消费者大多数已接受了转基因生物及其衍生的转基因食品，但仍有27%的消费者认为食用转基因食品会对人类健康造成危害。

从科学上讲，对转基因食品的完全否定和完全肯定都是错误的。在本质上，转基因生物和常规育成的品种相同，两者都是在原有的基础上对生物的某些性状进行修饰，或增加新性状，或消除原有不利性状。虽然目前的科学水平还不能完全精确地预测一个外源基因在新的遗传背景中会产生什么样的影响，但转基因食品所采用的转基因技术本身是可靠的，转基因食品可以是安全的，问题在于所导入的外源基因及其所带来的影响和变化是否安全。事实上，科学家们在研究转基因作物时，首先要充分考虑的就是安全性问题，经过严格的安全性评价和分析，转基因食品的安全性是有保障的。例如，在转基因番茄进入商品化生产之前，实验室对转基因番茄进行了毒理分析。分析指标包括：急性毒性半数致死量（LD_{50}）、精子畸变试验、30天动物喂养试验（检测实验动物在饲喂了转基因番茄后的动物活动情况、毛色、摄食及排泄情况、生长发育的变化、血液生化指标的变化，以及内脏器官如心、肝、脾、肺、胃等的变化），所有的试验结果表明，转基因番茄对动物不会造成任何伤害，说明它是安全的（http：//www.szed.com/szsb/1999 1025/gb. htm 1999）。

实际上，许多常规食品也不能保证其对人无任何副作用，对转基因食品的零风险要求是不公正的。目前各国对于转基因食品安全性的分歧更多的是掺杂了其他的诸如政治、商业、文化等因素，各国竞相开展生物技术研究的事实已经说明了他们对此问题的真实态度。美国是转基因植物食品面世最早也是最多的国家，60%以上的加工食品含有转基因成分，70%以上的大豆、20%以上的玉米是转基因的。2001年阿根廷种植的大豆有98%是转基因大豆。可以预期，由于转基因技术本身的诱惑力以及随着转基因技术的发展、相关安全性评价体系的完善，在世界范围内食用转基因植物食品将成为不可避免的事实。

2. 转基因食品安全性评价原则

转基因食品作为一种新型食品，其食用安全性引起了各国政府的高度重视，如何对转基因食品进行安全评价，各国政府意见也不尽相同。联合国经济发展与合作组织（OECD）、联合国粮农组织（FAO）、世界卫生组织（WHO）和国际食品法典委员会（CAC）多次召开专家咨询会议，提出一系列安全性评估的意见和建议。目前，国际上进行转基因食品的安全性评价时，有 3 个被普遍认可的原则，即风险分析原则，实质等同原则和个案分析原则（杨晓光和刘海军，2014）。

（1）风险分析原则（risk analysis） 风险分析是国际食品法典委员会（CAC）在 1997 年提出的用于评价食品、饮料、饲料中的添加剂、污染物、毒素和致病菌对人体或动物潜在副作用的科学程序，现已成为国际上开展食品风险评价、制定风险评价标准和管理办法以及进行风险信息交流的基础和通用方法。风险分析包括风险评估、风险管理和风险信息交流 3 个部分，其中风险评估是核心环节。风险评估包括危害识别、危害特征描述、暴露评估和危险性特征描述 4 个部分。

①危害识别。危害识别就是对被评价对象中可能存在的生物性、化学性和物理性危害因素进行识别和分析。根据流行病学调查、动物实验、体外实验等研究结果，确定人体在暴露于某种危害后是否会对健康发生不良影响。

②危害特征描述。危害特征描述就是对食品中对健康产生不良作用的生物性、化学性和物理性因素的定性和定量评价。对化学性因素应进行剂量反应评估。如果能够取得数据，对生物性和物理性因素也应采用剂量反应评估。

③暴露评估。暴露评估就是对从食物或其他相关来源可能摄入的生物性、化学性及物理性因素进行定性和定量评估。一般情况下，摄入量的评估有3种形式，即膳食研究，个别食品的选择性研究和双份饭研究。近年来，主要是通过特定的数学模型对暴露的途径、数量、变异性和不确定性等进行概率测算。

④危险性特征描述。危险性特征描述就是根据危害特征描述和暴露量评估所得到的数据，对发生危害事件的概率及严重性进行评估。可按高、中、低和忽略不计4种危害水平进行危险性特征描述。对于有阈值的化学物，可用人群的摄入量与该化学物的每人每天允许摄入量比较，或用人群的暴露量与该化学物的每人每周耐受量比较。对于没有阈值的化学物，则需计算人群的危险度。

（2）实质等同原则（substantial equivalence）　1993年OECD提出：用"实质等同性"原则来评价转基因食品的安全性。2000年，FAO/WHO发布了《关于转基因植物性食物的健康安全性问题》的文件，认为：运用"实质等同性"概念可建立有效的安全性评估框架。现在有67个国家把这一原则作为转基因食品安全评价的基本原则。

所谓"实质等同性"原则，主要是指通过对转基因作物的农艺性状和食品中各主要营养成分、营养拮抗物质、毒性物质及过敏性物质等成分的种类和数量进行分析，并与相应的传统食品进行比较，若二者之间没有明显差异，则认为该转基因食品与传统食品在食用安全性方面具有实质等同性，不存在安全性问题。具体来说，包括两个方面内容：一是农艺学性状相同。如转基因植物的形态、外观、生长状况、产量、抗病性和育性等方面应与同品系对照植株无差异。二是食品成分相同。转基因植物应与同品系非转基因对照植物在主要营养成分、营养拮抗物质、毒性物质及过敏性物质等成分的种类和含量相同。

为了便于对实质等同概念的理解和应用，OECD列举了5项应用原则。一是如果一种新食品或经过基因修饰的食品或食物成分被确定与某一传统食品大体相同，那么更多的安全和营养方面的考虑就没有意义；二是一旦确定了新食品或食物成分与传统食品大体相同，那么二者就应该同等对待；三是如果新食品或食物成分的类型鲜为人知，应用实质等同性原则就会出现困难，因此，对其评估时就要考虑在类似食品或食品成分（如蛋白质、脂肪和碳水化合物等）的评估过程中所积累的经验；四是如果某种食品没有确定为实质等同性，那么评估的重点应放在已经确定的差别上；五是如果某种食品或食品成分没有可比较的基础（如没有与之相应的或类似的传统食品做比较），评估该食品或食物成分时就应该根据其自身的成分和特性进行研究。总之，如果转基因食品与传统食品相比较，除转入的基因和表达的蛋白不同外，其他成分没有显著差别，就认为二者之间具有实质等同性。如果转基因食品未能满足实质等同原则的要求，也并不意味着其不安全，只是要求进行更广泛的安全性评价。

（3）个案处理原则（case-by-case） 个案处理（WHO/FAO，2000）就是针对每一个转基因食品个体，根据其生产原料、工艺、用途等特点，借鉴现有的已通过评价的相应案例，通过科学的分析，发现其可能发生的特殊效应，以确定其潜在的安全性，为安全性评价工作提供目标和线索。个案处理为评价采用不同原料、不同工艺、具有不同特性、不同用途的转基因食品的安全性提供了有效的指导，尤其是在发现和确定某些不可预测的效应及危害中起到了独特的作用。

个案处理的主要内容与研究方法包括：一是根据每一个转基因食品个体或者相关的生产原料、工艺、用途的不同特点，通过与相应或相似的既往评价案例进行比较，应用相关的理论和知识进行分析，提出潜在安全性问题的假设。二是通过制定有针对性的验证方案，对潜在安全性问题的假设进行科学论证。三是通过对验证个案的总结，为以后的评价和验证工作提供可借鉴的新例。

（4）其他原则

①逐步原则。逐步原则的理解可以在两个层次上进行，其一是在转基因食品的研发阶段，目前转基因的研发和生产大国对转基因的管理都是分阶段审批的，在不同的阶段要解决的安全问题不同；其二是由于转基因食品的不同外源目的基因可能存在的安全风险是分不同方面的，如：表达蛋白质的毒性、致敏性、标记基因的毒性、抗营养成分或天然毒素等，就是某一毒性的安全性评价也要分步骤进行。安全性评价分阶段性的进行可以提高筛选效率，在最短的时间内发现可能存在的风险。

②预防为主原则。对于转基因食品的安全性评价，预防为主原则是可以采用的，由于转基因食品是现代生物技术在农业生产中的应用，发展的历史不长和总结的经验不多，供体、受体和目的基因的多种多样也给食品安全带来了许多不确定因素。随着转基因技术的发展，作为改善营养品质、植物疫苗、生物反应器等的转基因植物、动物进入安全性评价阶段，预防为主的安全性评价原则可以在遵行科学原则的基础上把转基因食品可能存在的风险降到最低。

③重新评价原则。转基因技术在农业领域的广泛应用是近几年的事情，在发展的过程中会出现现在不能预计的情况。随着整体科学技术的发展，现代医学、预防医学和现代食品工业技术的进步，消费者对健康意识的不断更新，转基因食品的安全性评价也会随之而发展变化，对现在的一些认识和方法会提出新的看法，评价技术和手段也会发展，同时，由于市场后监控过程的深入，对长期观察的资料深入分析，也会对目前不能解答或解答不了的问题作出科学的解释，如果有必要，对已经经过安全性评价的转基因食品还可能再次提出安全性评价的要求。

3. 转基因食品安全性评价的内容

为保障转基因食品对人类的健康安全，促进生物技术的可持续发展，各国政府均在转基因食品上市前对转基因生物的食用安全进行全面的评估，以确保转基因食品的安全，防止具有潜在风险的转基因食品进入消费市场。一般来说，转基因生物在批准商业化生产前需要进行如下方面的食品安全评估。

（1）转基因食品的营养学评价　人们对食品的需求就在于它为人类提供生存所必需的能量和各类营养物质，因此，对营养成分的评价是转基因食品安全性评价的重要组成部分。评价的营养物质主要包括蛋白质、淀粉、纤维素、脂肪、脂肪酸、氨基酸、矿质元素、维生素、灰分等与人类健康营养密切相关的物质。评价时，将不同年份或不同生长地点的转基因食品的主要营养成分和对照的非转基因食品进行比较，评估转基因食品在营养上是否与非转基因食品一样具有等效的营养价值。由于用于加工的农产品中的营养物质含量受品种、种植环境、生长期、生长过程中农艺措施、不同生产年份等多因素影响而产生差异，如水稻不同的品种、不同的种植环境、不同生长期、不同农艺措施等都会影响稻米中的营养成分含量，也就是说，市场上人们消费的各种普通大米在营养成分的含量上并不是完全一致的。因此，在评估转基因食品的营养时就需要考虑这一客观存在的因素。针对这种情况，联合国经济合作发展组织（OECD）在全球进行了调研和专家论证后，出台了一系列的农产品营养成分手册，给出了不同种类的作物及其加工产品的营养成分变异范围，并提供了相应的历史数据和参考文献；同时国际生命科学学会（ILSI）也建立了各种农作物的营养成分数据库，作为对各种转基因作物营养成分的参考范围。因此，对转基因食品的营养评价时，除需要与对照非转基因食品进行比较，还需要参考 OECD、ILSI 及本国已有的同类非转基因作物营养成分，确定转基因食品的营养成分是否在这些范围内，如果在范围内，则可以认定转基因食品具有与非转基因食品同等的营养功效。

此外，对一些存在较大差异，或改变了主要营养成分的转基因食品（如高赖氨酸转基因玉米），要了解转基因食品是否具有与传统食品同样的营养功能，动物营养学评价手段是必不可少的。这里所说的营养学评价主要是指两个方面：一是通过动物生长情况、营养指标或者动物产品的营养情况来评价转基因食品对实验动物的营养作用，如大鼠 30 天生长试验；二是通过动物的生长与代谢指标来评价转基因食品中某种营养物质的生物利用率，如大鼠的蛋白利用率和猪回肠瘘管试验等。

目前，国际上批准生产的转基因食品和我国颁发安全证书的转基因水稻、玉米都经过了营养学的评价，试验数据都证明了与非转基因食品具有同样的营养功效。

（2）转基因食品的抗营养因子评价　食品不仅含有大量的营养物质，也含有广泛的非营养物质，有些物质当超过一定量时则是有害的，称为抗营养因子或者抗营养素。通常，抗营养素被理解为抑制或阻止代谢（特别是消化）的重要通路的物质，抗营养因子降低了营养物质（特别是蛋白质、维生素和矿物质）的最大利用，以及食物的营养价值。几乎所有的植物性食品中都含有抗营养因子，这是植物在进化过程中形成的自我防御的物质。目前，已知的抗营养因子主要有蛋白酶抑制剂、植酸、凝集素、芥酸、棉酚、单宁、硫甙等。然而大多数抗营养因子的有害作用是由未加工的食物引起的，经过简单的处理都会消失，如加热、浸泡和发芽处理等。如我们经常食用的豇豆中由于含有豇豆蛋白酶抑制剂不能生食，需要烹调熟制后，才能食用。对转基因食品的抗营养因子的安全评价，是将转基因品种中的抗营养因子含量与其对照非转基因食品进行比较，其评估方法与营养成分的评估方法一致。

（3）转基因食品的毒理学评价　转基因食品是否会由于导入了外源基因而产生对人体有毒的物质，是人们对转基因食品产生恐惧的重要方面。对转基因食品的毒理学评价是转基因食品上市前重要的评价环节。转基因食品的毒理学安全性评价主要从两方面着手：一是外源基因表达产物是否具有的毒性检测和评价；二是对转基因食品的全食品毒性检测和评价。

外源基因表达产物的检测一般依照传统化学物质的安全性评价方法。对外源基因表达蛋白的检测评价一般有 3 个指标：一是通过与国际权威大型公共数据库中已知的毒性蛋白进行核酸和蛋白质氨基酸序列的同源性比较，分析是否具有潜在的毒性；二是在加热条件下和胃肠消化液中，检测分析外源基因表达蛋白质是否稳定或抗消化；三是外源基因表达产物的急性经口毒性试验。全食品的毒理学检测也是采用传统化学物质的评价手段，一般采用亚慢性毒性试验来评价转基因食品的整体的安全性。

根据个案分析的原则，对一些转入特殊功效成分的转基因食品可以考虑其他方面的毒理学检测试验，如遗传毒性试验、传统致畸试验、繁殖试验和代谢试验等。对目前商业化生产的转基因作物，这些试验是不需要的。目前，包括欧盟、日本、韩国、澳大利亚、美国、加拿大等国家都没有提出这些毒理学试验的要求。

我国目前批准的转基因水稻和玉米均对外源基因表达产物和转基因全食品进行毒理学检测和评价。试验数据证明食用该转基因水稻、玉米与非转基因对照同样不具有毒理学意义上的安全风险。实际上，我国批准的转基因水稻还进行了遗传毒性、慢性毒性、传统致畸、三代繁殖等毒理学试验，安全检测指标已经超出了欧美发达国家和国际食品法典委员会、世界卫生组织等建议的评价内容要求。这些毒理学试验均证明转基因水稻"华恢 1 号"及"Bt 汕优 63"是安全的。

（4）转基因食品的过敏性评价　食物过敏是一种特殊的人体免疫反应。通俗地说，就是指某些人在吃了某种食物之后，引起身体某一组织、某一器官甚至全身的强烈反应，以致出现各种各样的功能障碍或组织损伤。一般认为，食物过敏在成人中的患病率为 2%，而儿童则高达 8%。食物过敏最常见的临床表现为出现皮肤症状，并可见呼吸道症状和消化道症状。如皮肤瘙痒、湿疹、荨麻疹、头晕、恶心、呕吐、腹泻。严重的食物过敏会引起喉水肿而造成窒息、急性哮喘大发作、过敏性休克。常见的过敏性食物有八大类：鸡蛋、牛奶、鱼、贝壳类海产品、坚果、花生、黄豆、小麦。在我国，芝麻、水果等食物过敏也相当常见。因此，过敏不是转基因食品所独有的。但是，由于转基因技术打破了自然界中物种间的遗传物质不能相互转移的生物屏障，为防范由于转基因技术造成的物种间过敏基因的转移，进行过敏性评价就成为转基因食品上市前必要的评价环节。

目前，世界各国均采用了国际食品法典委员会推荐的转基因食品过敏分析原则和程序。并根据各国的实际情况进行转基因食品的过敏分析。目前，主要从三个方面评估转基因食品中外源基因表达产物是否是过敏原：一是外源基因是否来自含有过敏原的生物；二是通过与国际权威大型公共数据库中已知的过敏原进行比较分析是否具有同源性；三是检测分析外源基因表达产物对胃蛋白酶的消化稳定性。

我国目前批准的转基因水稻和玉米均对外源基因表达产物进行过敏性检测和评价。试验数据证明转基因水稻和玉米转入的外源基因不会带来新的过敏原，对食用大米和玉米的人群不会增加过敏的风险。

附录　我国有关转基因产品的相关条例

　　我国是农业生产和农产品消费大国，是农产品及其加工制品国际贸易的重要市场。近年来，随着转基因生物技术的迅速发展，转基因作物种植面积逐年增加，2016 年全球转基因作物种植面积达到 1.851 亿 hm²，按种植面积统计，全球 78% 的大豆、26% 的玉米、24% 的油菜和 64% 的棉花为转基因产品，转基因农产品及其加工制品越来越多地进入人们的日常消费。作为农产品消费大国，我国每年需要进口大量的农产品，其中很大一部分是转基因农产品及其加工制品，2016 年我国进口大豆达到 8 391 万 t（中国海关数据），其中绝大部分是转基因大豆，它主要来自于美国、巴西和阿根廷。因此，我国转基因生物及其产品的管理政策及其实施情况，对转基因生物的产业化发展和国际贸易具有举足轻重的作用。我国在这方面的一举一动，都将引起国际社会的广泛关注。

　　为了加强转基因生物安全管理，保障人类健康和动植物、微生物安全，保护生态环境，促进农业转基因生物技术研究，国务院于2001 年 5 月 23 日颁布了《农业转基因生物安全管理条例》，农业部于 2002 年 1 月 5 日发布了《农业转基因生物安全评价管理办法》［2002 年第 8 号令］、《农业转基因生物进口安全管理办法》［2002 年第 9 号令］和《农业转基因生物标识管理办法》［2002 年第 10 号令］3 个配套规章，自 2002 年 3 月 20 日起施行。为了适应我国转基因生物加工产业的快速发展，加强农业转基因生物加工的审批管理，农业部于 2006 年 1 月 16 日发布了《农业转基因生物加工审批办法》［农业部第 59 号令］。随着我国转基因生物进出口贸易的日益增多，为了加强进出境转基因产品检验检疫管理，国家质量监督检验检疫总局于 2001 年 9 月 5 日通过了《进出境转基因产品检验检疫管理办法》。上述政策法规的发布，标志着我国对农业转基因生物的研究、试验、生产、加工、经营和进出口活动开始实施依法全面管理。

1. 农业转基因生物安全管理条例（根据国务院令第 588 号修改）

第一章　总则

第一条　为了加强农业转基因生物安全管理，保障人体健康和动植物、微生物安全，保护生态环境，促进农业转基因生物技术研究，制定本条例。

第二条　在中华人民共和国境内从事农业转基因生物的研究、试验、生产、加工、经营和进口、出口活动，必须遵守本条例。

第三条　本条例所称农业转基因生物，是指利用基因工程技术改变基因组构成，用于农业生产或者农产品加工的动植物、微生物及其产品，主要包括：

（一）转基因动植物（含种子、种畜禽、水产苗种）和微生物；

（二）转基因动植物、微生物产品；

（三）转基因农产品的直接加工品；

（四）含有转基因动植物、微生物或者其产品成分的种子、种畜禽、水产苗种、农药、兽药、肥料和添加剂等产品。

本条例所称农业转基因生物安全，是指防范农业转基因生物对人类、动植物、微生物和生态环境构成的危险或者潜在风险。

第四条　国务院农业行政主管部门负责全国农业转基因生物安全的监督管理工作。

县级以上地方各级人民政府农业行政主管部门负责本行政区域内的农业转基因生物安全的监督管理工作。

县级以上各级人民政府有关部门依照《中华人民共和国食品安全法》的有关规定，负责转基因食品安全的监督管理工作。

注：第四条第三款根据 2011 年 1 月 8 日公布的《国务院关于废止和修改部分行政法规的决定》（中华人民共和国国务院令第 588 号）修改。

第五条　国务院建立农业转基因生物安全管理部际联席会议制度。

农业转基因生物安全管理部际联席会议由农业、科技、环境保护、卫生、外经贸、检验检疫等有关部门的负责人组成，负责研究、协调农业转基因生物安全管理工作中的重大问题。

第六条　国家对农业转基因生物安全实行分级管理评价制度。

农业转基因生物按照其对人类、动植物、微生物和生态环境的危险程度，分为Ⅰ、Ⅱ、Ⅲ、Ⅳ四个等级。具体划分标准由国务院农业行政主管部门制定。

第七条　国家建立农业转基因生物安全评价制度。

农业转基因生物安全评价的标准和技术规范，由国务院农业行政主管部门制定。

第八条　国家对农业转基因生物实行标识制度。

实施标识管理的农业转基因生物目录，由国务院农业行政主管部门商国务院有关部门制定、调整并公布。

第二章　研究与试验

第九条　国务院农业行政主管部门应当加强农业转基因生物研究与试验的安全评价管理工作，并设立农业转基因生物安全委员会，负责农业转基因生物的安全评价工作。

农业转基因生物安全委员会由从事农业转基因生物研究、生产、加工、检验检疫以及卫生、环境保护等方面的专家组成。

第十条　国务院农业行政主管部门根据农业转基因生物安全评价工作的需要，可以委托具备检测条件和能力的技术检测机构对农业转基因生物进行检测。

第十一条　从事农业转基因生物研究与试验的单位，应当具备与安全等级相适应的安全设施和措施，确保农业转基因生物研究与试验的安全，并成立农业转基因生物安全小组，负责本单位农业转基因生物研究与试验的安全工作。

第十二条　从事Ⅲ、Ⅳ级农业转基因生物研究的，应当在研究开始前向国务院农业行政主管部门报告。

第十三条 农业转基因生物试验，一般应当经过中间试验、环境释放和生产性试验三个阶段。中间试验，是指在控制系统内或者控制条件下进行的小规模试验。环境释放，是指在自然条件下采取相应安全措施所进行的中规模的试验。生产性试验，是指在生产和应用前进行的较大规模的试验。

第十四条 农业转基因生物在实验室研究结束后，需要转入中间试验的，试验单位应当向国务院农业行政主管部门报告。

第十五条 农业转基因生物试验需要从上一试验阶段转入下一试验阶段的，试验单位应当向国务院农业行政主管部门提出申请；经农业转基因生物安全委员会进行安全评价合格的，由国务院农业行政主管部门批准转入下一试验阶段。

试验单位提出前款申请，应当提供下列材料：

（一）农业转基因生物的安全等级和确定安全等级的依据；

（二）农业转基因生物技术检测机构出具的检测报告；

（三）相应的安全管理、防范措施；

（四）上一试验阶段的试验报告。

第十六条 从事农业转基因生物试验的单位在生产性试验结束后，可以向国务院农业行政主管部门申请领取农业转基因生物安全证书。申领时提供下列材料：

（一）农业转基因生物的安全等级和确定安全等级的依据；

（二）农业转基因生物技术检测机构出具的检测报告；

（三）生产性试验的总结报告；

（四）国务院农业行政主管部门规定的其他材料。

国务院农业行政主管部门收到申请后，应当组织农业转基因生物安全委员会进行安全评价；安全评价合格的，方可颁发农业转基因生物安全证书。

第十七条 转基因植物种子、种畜禽、水产苗种，利用农业转基因生物生产的或者含有农业转基因生物成分的种子、种畜禽、水产苗种、农药、兽药、肥料和添加剂等，在依照有关法律、行政法规的规定进行审定、登记或者评价、审批前，应当依照本条例第十六条的规定取得农业转基因生物安全证书。

第十八条 中外合作、合资或者外方独资在中华人民共和国境内从事农业转基因生物研究与试验的，应当经国务院农业行政主管部门批准。

第三章 生产与加工

第十九条 生产转基因植物种子、种畜禽、水产苗种，应当取得国务院农业行政主管部门颁发的种子、种畜禽、水产苗种生产许可证。

生产单位和个人申请转基因植物种子、种畜禽、水产苗种生产许可证，除应当符合有关法律、行政法规规定的条件外，还应当符合下列条件：

（一）取得农业转基因生物安全证书并通过品种审定；

（二）在指定的区域种植或者养殖；

（三）有相应的安全管理、防范措施；

（四）国务院农业行政主管部门规定的其他条件。

第二十条 生产转基因植物种子、种畜禽、水产苗种的单位和个人，应当建立生产档案，载明生产地点、基因及其来源、转基因的方法以及种子、种畜禽、水产苗种流向等内容。

第二十一条 单位和个人从事农业转基因生物生产、加工的，应当由国务院农业行政主管部门或者省、自治区、直辖市人民政府农业行政主管部门批准。具体办法由国务院农业行政主管部门制定。

第二十二条 农民养殖、种植转基因动植物的，由种子、种畜禽、水产苗种销售单位依照本条例第二十一条的规定代办审批手续。审批部门和代办单位不得向农民收取审批、代办费用。

第二十三条 从事农业转基因生物生产、加工的单位和个人，应当按照批准的品种、范围、安全管理要求和相应的技术标准组织生产、加工，并定期向所在地县级人民政府农业行政主管部门提供生产、加工、安全管理情况和产品流向的报告。

第二十四条　农业转基因生物在生产、加工过程中发生基因安全事故时，生产、加工单位和个人应当立即采取安全补救措施，并向所在地县级人民政府农业行政主管部门报告。

第二十五条　从事农业转基因生物运输、贮存的单位和个人，应当采取与农业转基因生物安全等级相适应的安全控制措施，确保农业转基因生物运输、贮存的安全。

第四章　经营

第二十六条　经营转基因植物种子、种畜禽、水产苗种的单位和个人，应当取得国务院农业行政主管部门颁发的种子、种畜禽、水产苗种经营许可证。

经营单位和个人申请转基因植物种子、种畜禽、水产苗种经营许可证，除应当符合有关法律、行政法规规定的条件外，还应当符合下列条件：

（一）有专门的管理人员和经营档案；

（二）有相应的安全管理、防范措施；

（三）国务院农业行政主管部门规定的其他条件。

第二十七条　经营转基因植物种子、种畜禽、水产苗种的单位和个人，应当建立经营档案，载明种子、种畜禽、水产苗种的来源、贮存、运输和销售去向等内容。

第二十八条　在中华人民共和国境内销售列入农业转基因生物目录的农业转基因生物，应当有明显的标识。

列入农业转基因生物目录的农业转基因生物，由生产、分装单位和个人负责标识；未标识的，不得销售。经营单位和个人在进货时，应当对货物和标识进行核对。经营单位和个人拆开原包装进行销售的，应当重新标识。

第二十九条　农业转基因生物标识应当载明产品中含有转基因成分的主要原料名称；有特殊销售范围要求的，还应当载明销售范围，并在指定范围内销售。

第三十条　农业转基因生物的广告，应当经国务院农业行政主管部门审查批准后，方可刊登、播放、设置和张贴。

第五章　进口与出口

第三十一条　从中华人民共和国境外引进农业转基因生物用于研究、试验的，引进单位应当向国务院农业行政主管部门提出申请；符合下列条件的，国务院农业行政主管部门方可批准：

（一）具有国务院农业行政主管部门规定的申请资格；

（二）引进的农业转基因生物在国（境）外已经进行了相应的研究、试验；

（三）有相应的安全管理、防范措施。

第三十二条　境外公司向中华人民共和国出口转基因植物种子、种畜禽、水产苗种和利用农业转基因生物生产的或者含有农业转基因生物成分的植物种子、种畜禽、水产苗种、农药、兽药、肥料和添加剂的，应当向国务院农业行政主管部门提出申请；符合下列条件的，国务院农业行政主管部门方可批准试验材料入境并依照本条例的规定进行中间试验、环境释放和生产性试验：

（一）输出国家或者地区已经允许作为相应用途并投放市场；

（二）输出国家或者地区经过科学试验证明对人类、动植物、微生物和生态环境无害；

生产性试验结束后，经安全评价合格，并取得农业转基因生物安全证书后，方可依照有关法律、行政法规的规定办理审定、登记或者评价、审批手续。

第三十三条　境外公司向中华人民共和国出口农业转基因生物用作加工原料的，应当向国务院农业行政主管部门提出申请；符合下列条件，并经安全评价合格的，由国务院农业行政主管部门颁发农业转基因生物安全证书：

（一）输出国家或者地区已经允许作为相应用途并投放市场；

（二）输出国家或者地区经过科学试验证明对人类、动植物、微生物和生态环境无害；

（三）经农业转基因生物技术检测机构检测，确认对人类、动植物、微生物和生态环境不存在危险；

（四）有相应的安全管理、防范措施。

第三十四条　从中华人民共和国境外引进农业转基因生物的，或者向中华人民共和国出口农业转基因生物的，引进单位或者境外公司应当凭国务院农业行政主管部门颁发的农业转基因生物安全证书和相关批准文件，向口岸出入境检验检疫机构报检；经检疫合格后，方可向海关申请办理有关手续。

第三十五条　农业转基因生物在中华人民共和国过境转移的，货主应当事先向国家出入境检验检疫部门提出申请；经批准方可过境转移，并遵守中华人民共和国有关法律、行政法规的规定。

第三十六条　国务院农业行政主管部门、国家出入境检验检疫部门应当自收到申请人申请之日起 270 日内作出批准或者不批准的决定，并通知申请人。

第三十七条　向中华人民共和国境外出口农产品，外方要求提供非转基因农产品证明的，由口岸出入境检验检疫机构根据国务院农业行政主管部门发布的转基因农产品信息，进行检测并出具非转基因农产品证明。

第三十八条　进口农业转基因生物，没有国务院农业行政主管部门颁发的农业转基因生物安全证书和相关批准文件的，或者与证书、批准文件不符的，作退货或者销毁处理。进口农业转基因生物不按照规定标识的，重新标识后方可入境。

第六章　监督检查

第三十九条　农业行政主管部门履行监督检查职责时，有权采取下列措施：

（一）询问被检查的研究、试验、生产、加工、经营或者进口、出口的单位和个人、利害关系人、证明人，并要求其提供与农业转基因生物安全有关的证明材料或者其他资料；

（二）查阅或者复制农业转基因生物研究、试验、生产、加工、经营或者进口、出口的有关档案、账册和资料等；

（三）要求有关单位和个人就有关农业转基因生物安全的问题作出说明；

（四）责令违反农业转基因生物安全管理的单位和个人停止违法行为；

（五）在紧急情况下，对非法研究、试验、生产、加工、经营或者进口、出口的农业转基因生物实施封存或者扣押。

第四十条　农业行政主管部门工作人员在监督检查时，应当出示执法证件。

第四十一条　有关单位和个人对农业行政主管部门的监督检查，应当予以支持、配合，不得拒绝、阻碍监督检查人员依法执行职务。

第四十二条　发现农业转基因生物对人类、动植物和生态环境存在危险时，国务院农业行政主管部门有权宣布禁止生产、加工、经营和进口，收回农业转基因生物安全证书，销毁有关存在危险的农业转基因生物。

第七章　罚则

第四十三条　违反本条例规定，从事Ⅲ、Ⅳ级农业转基因生物研究或者进行中间试验，未向国务院农业行政主管部门报告的，由国务院农业行政主管部门责令暂停研究或者中间试验，限期改正。

第四十四条　违反本条例规定，未经批准擅自从事环境释放、生产性试验的，已获批准但未按照规定采取安全管理、防范措施的，或者超过批准范围进行试验的，由国务院农业行政主管部门或者省、自治区、直辖市人民政府农业行政主管部门依据职权，责令停止试验，并处1万元以上5万元以下的罚款。

第四十五条　违反本条例规定，在生产性试验结束后，未取得农业转基因生物安全证书，擅自将农业转基因生物投入生产和应用的，由国务院农业行政主管部门责令停止生产和应用，并处2万元以上10万元以下的罚款。

第四十六条　违反本条例第十八条规定，未经国务院农业行政主管部门批准，从事农业转基因生物研究与试验的，由国务院农业行政主管部门责令立即停止研究与试验，限期补办审批手续。

第四十七条 违反本条例规定，未经批准生产、加工农业转基因生物或者未按照批准的品种、范围、安全管理要求和技术标准生产、加工的，由国务院农业行政主管部门或者省、自治区、直辖市人民政府农业行政主管部门依据职权，责令停止生产或者加工，没收违法生产或者加工的产品及违法所得；违法所得 10 万元以上的，并处违法所得 1 倍以上 5 倍以下的罚款；没有违法所得或者违法所得不足 10 万元的，并处 10 万元以上 20 万元以下的罚款。

第四十八条 违反本条例规定，转基因植物种子、种畜禽、水产苗种的生产、经营单位和个人，未按照规定制作、保存生产、经营档案的，由县级以上人民政府农业行政主管部门依据职权，责令改正，处 1 000 元以上 1 万元以下的罚款。

第四十九条 违反本条例规定，转基因植物种子、种畜禽、水产苗种的销售单位，不履行审批手续代办义务或者在代办过程中收取代办费用的，由国务院农业行政主管部门责令改正，处 2 万元以下的罚款。

第五十条 违反本条例规定，未经国务院农业行政主管部门批准，擅自进口农业转基因生物的，由国务院农业行政主管部门责令停止进口，没收已进口的产品和违法所得；违法所得 10 万元以上的，并处违法所得 1 倍以上 5 倍以下的罚款；没有违法所得或者违法所得不足 10 万元的，并处 10 万元以上 20 万元以下的罚款。

第五十一条 违反本条例规定，进口、携带、邮寄农业转基因生物未向口岸出入境检验检疫机构报检的，或者未经国家出入境检验检疫部门批准过境转移农业转基因生物的，由口岸出入境检验检疫机构或者国家出入境检验检疫部门比照进出境动植物检疫法的有关规定处罚。

第五十二条 违反本条例关于农业转基因生物标识管理规定的，由县级以上人民政府农业行政主管部门依据职权，责令限期改正，可以没收非法销售的产品和违法所得，并可以处 1 万元以上 5 万元以下的罚款。

第五十三条　假冒、伪造、转让或者买卖农业转基因生物有关证明文书的，由县级以上人民政府农业行政主管部门依据职权，收缴相应的证明文书，并处 2 万元以上 10 万元以下的罚款；构成犯罪的，依法追究刑事责任。

第五十四条　违反本条例规定，在研究、试验、生产、加工、贮存、运输、销售或者进口、出口农业转基因生物过程中发生基因安全事故，造成损害的，依法承担赔偿责任。

第五十五条　国务院农业行政主管部门或者省、自治区、直辖市人民政府农业行政主管部门违反本条例规定核发许可证、农业转基因生物安全证书以及其他批准文件的，或者核发许可证、农业转基因生物安全证书以及其他批准文件后不履行监督管理职责的，对直接负责的主管人员和其他直接责任人员依法给予行政处分；构成犯罪的，依法追究刑事责任。

第八章　附则

第五十六条　本条例自公布之日起施行。

2. 农业转基因生物安全评价管理办法（2002 年 1 月 5 日农业部令第 8 号，2004 年 7 月 1 日农业部令 38 号修改）

第一章　总则

第一条　为了加强农业转基因生物安全评价管理，保障人类健康和动植物、微生物安全，保护生态环境，根据《农业转基因生物安全管理条例》（简称《条例》），制定本办法。

第二条　在中华人民共和国境内从事农业转基因生物的研究、试验、生产、加工、经营和进口、出口活动，依照《条例》规定需要进行安全评价的，应当遵守本办法。

第三条　本办法适用于《条例》规定的农业转基因生物，即利用基因工程技术改变基因组构成，用于农业生产或者农产品加工的植物、动物、微生物及其产品，主要包括：

（一）转基因动植物（含种子、种畜禽、水产苗种）和微生物；

（二）转基因动植物、微生物产品；

（三）转基因农产品的直接加工品；

（四）含有转基因动植物、微生物或者其产品成分的种子、种畜禽、水产苗种、农药、兽药、肥料和添加剂等产品。

第四条　本办法评价的是农业转基因生物对人类、动植物、微生物和生态环境构成的危险或者潜在的风险。安全评价工作按照植物、动物、微生物三个类别，以科学为依据，以个案审查为原则，实行分级分阶段管理。

第五条　根据《条例》第九条的规定设立国家农业转基因生物安全委员会，负责农业转基因生物的安全评价工作。农业转基因生物安全委员会由从事农业转基因生物研究、生产、加工、检验检疫、卫生、环境保护等方面的专家组成，每届任期三年。

农业部设立农业转基因生物安全管理办公室，负责农业转基因生物安全评价管理工作。

第六条　凡从事农业转基因生物研究与试验的单位，应当成立由单位法人代表负责的农业转基因生物安全小组，负责本单位农业转基因生物的安全管理及安全评价申报的审查工作。

第七条　农业部根据农业转基因生物安全评价工作的需要，委托具备检测条件和能力的技术检测机构对农业转基因生物进行检测，为安全评价和管理提供依据。

第八条　转基因植物种子、种畜禽、水产种苗，利用农业转基因生物生产的或者含有农业转基因生物成分的种子、种畜禽、水产种苗、农药、兽药、肥料和添加剂等，在依照有关法律、行政法规的规定进行审定、登记或者评价、审批前，应当依照本办法的规定取得农业转基因生物安全证书。

第二章　安全等级和安全评价

第九条　农业转基因生物安全实行分级评价管理

按照对人类、动植物、微生物和生态环境的危险程度，将农业转基因生物分为以下四个等级：

安全等级 I ：尚不存在危险；

安全等级 II ：具有低度危险；

安全等级 III ：具有中度危险；

安全等级 IV ：具有高度危险。

第十条 农业转基因生物安全评价和安全等级的确定按以下步骤进行：

（一）确定受体生物的安全等级；

（二）确定基因操作对受体生物安全等级影响的类型；

（三）确定转基因生物的安全等级；

（四）确定生产、加工活动对转基因生物安全性的影响；

（五）确定转基因产品的安全等级。

第十一条 受体生物安全等级的确定

受体生物分为四个安全等级：

（一）符合下列条件之一的受体生物应当确定为安全等级 I ：

1. 对人类健康和生态环境未曾发生过不利影响；

2. 演化成有害生物的可能性极小；

3. 用于特殊研究的短存活期受体生物，实验结束后在自然环境中存活的可能性极小。

（二）对人类健康和生态环境可能产生低度危险，但是通过采取安全控制措施完全可以避免其危险的受体生物，应当确定为安全等级 II 。

（三）对人类健康和生态环境可能产生中度危险，但是通过采取安全控制措施，基本上可以避免其危险的受体生物，应当确定为安全等级 III 。

（四）对人类健康和生态环境可能产生高度危险，而且在封闭设施之外尚无适当的安全控制措施避免其发生危险的受体生物，应当确定为安全等级 IV 。包括：

1. 可能与其他生物发生高频率遗传物质交换的有害生物；

2. 尚无有效技术防止其本身或其产物逃逸、扩散的有害生物；

3. 尚无有效技术保证其逃逸后，在对人类健康和生态环境产生不利影响之前，将其捕获或消灭的有害生物。

第十二条　基因操作对受体生物安全等级影响类型的确定

基因操作对受体生物安全等级的影响分为三种类型，即：增加受体生物的安全性；不影响受体生物的安全性；降低受体生物的安全性。

类型 1　增加受体生物安全性的基因操作

包括：去除某个（些）已知具有危险的基因或抑制某个（些）已知具有危险的基因表达的基因操作。

类型 2　不影响受体生物安全性的基因操作

包括：

1. 改变受体生物的表型或基因型而对人类健康和生态环境没有影响的基因操作；

2. 改变受体生物的表型或基因型而对人类健康和生态环境没有不利影响的基因操作。

类型 3　降低受体生物安全性的基因操作

包括：

1. 改变受体生物的表型或基因型，并可能对人类健康或生态环境产生不利影响的基因操作；

2. 改变受体生物的表型或基因型，但不能确定对人类健康或生态环境影响的基因操作。

第十三条　农业转基因生物安全等级的确定

根据受体生物的安全等级和基因操作对其安全等级的影响类型及影响程度，确定转基因生物的安全等级。

（一）受体生物安全等级为Ⅰ的转基因生物

1. 安全等级为Ⅰ的受体生物，经类型 1 或类型 2 的基因操作而得到的转基因生物，其安全等级仍为Ⅰ。

2. 安全等级为Ⅰ的受体生物，经类型 3 的基因操作而得到的转基因生物，如果安全性降低很小，且不需要采取任何安全控制措施的，则其安全等级仍为 I；如果安全性有一定程度的降低，但是可以通过适当的安全控制措施完全避免其潜在危险的，则其安全等级为 II；如果安全性严重降低，但是可以通过严格的安全控制措施避免其潜在危险的，则其安全等级为 III；如果安全性严重降低，而且无法通过安全控制措施完全避免其危险的，则其安全等级为 IV。

（二）受体生物安全等级为 II 的转基因生物

1. 安全等级为 II 的受体生物，经类型 1 的基因操作而得到的转基因生物，如果安全性增加到对人类健康和生态环境不再产生不利影响的，则其安全等级为 I；如果安全性虽有增加，但对人类健康和生态环境仍有低度危险的，则其安全等级仍为 II。

2. 安全等级为 II 的受体生物，经类型 2 的基因操作而得到的转基因生物，其安全等级仍为 II。

3. 安全等级为 II 的受体生物，经类型 3 的基因操作而得到的转基因生物，根据安全性降低的程度不同，其安全等级可为 II、III 或 IV，分级标准与受体生物的分级标准相同。

（三）受体生物安全等级为 III 的转基因生物

1. 安全等级为 III 的受体生物，经类型 1 的基因操作而得到的转基因生物，根据安全性增加的程度不同，其安全等级可为 I、II 或 III，分级标准与受体生物的分级标准相同。

2. 安全等级为 III 的受体生物，经类型 2 的基因操作而得到的转基因生物，其安全等级仍为 III。

3. 安全等级为 III 的受体生物，经类型 3 的基因操作得到的转基因生物，根据安全性降低的程度不同，其安全等级可为 III 或 IV，分级标准与受体生物的分级标准相同。

（四）受体生物安全等级为 IV 的转基因生物

1. 安全等级为 IV 的受体生物，经类型 1 的基因操作而得到的转基因生物，根据安全性增加的程度不同，其安全等级可为 I、II、III 或 IV，分级标准与受体生物的分级标准相同。

2. 安全等级为 IV 的受体生物，经类型 2 或类型 3 的基因操作而得到的转基因生物，其安全等级仍为 IV。

第十四条　农业转基因产品安全等级的确定

根据农业转基因生物的安全等级和产品的生产、加工活动对其安全等级的影响类型和影响程度，确定转基因产品的安全等级。

（一）农业转基因产品的生产、加工活动对转基因生物安全等级的影响分为三种类型：

类型 1：增加转基因生物的安全性；

类型 2：不影响转基因生物的安全性；

类型 3：降低转基因生物的安全性。

（二）转基因生物安全等级为 I 的转基因产品

1. 安全等级为 I 的转基因生物，经类型 1 或类型 2 的生产、加工活动而形成的转基因产品，其安全等级仍为 I。

2. 安全等级为 I 的转基因生物，经类型 3 的生产、加工活动而形成的转基因产品，根据安全性降低的程度不同，其安全等级可为 I、II、III 或 IV，分级标准与受体生物的分级标准相同。

（三）转基因生物安全等级为 II 的转基因产品

1. 安全等级为 II 的转基因生物，经类型 1 的生产、加工活动而形成的转基因产品，如果安全性增加到对人类健康和生态环境不再产生不利影响的，其安全等级为 I；如果安全性虽然有增加，但是对人类健康或生态环境仍有低度危险的，其安全等级仍为 II。

2. 安全等级为 II 的转基因生物，经类型 2 的生产、加工活动而形成的转基因产品，其安全等级仍为 II。

3. 安全等级为 II 的转基因生物，经类型 3 的生产、加工活动而形成的转基因产品，根据安全性降低的程度不同，其安全等级可为 II、III 或 IV，分级标准与受体生物的分级标准相同。

（四）转基因生物安全等级为 III 的转基因产品

1. 安全等级为 III 的转基因生物，经类型 1 的生产、加工活动而形成的转基因产品，根据安全性增加的程度不同，其安全等级可为

Ⅰ、Ⅱ或Ⅲ，分级标准与受体生物的分级标准相同。

2. 安全等级为Ⅲ的转基因生物，经类型 2 的生产、加工活动而形成的转基因产品，其安全等级仍为Ⅲ。

3. 安全等级为Ⅲ的转基因生物，经类型 3 的生产、加工活动而形成转基因产品，根据安全性降低的程度不同，其安全等级可为Ⅲ或Ⅳ，分级标准与受体生物的分级标准相同。

（五）转基因生物安全等级为Ⅳ的转基因产品

1. 安全等级为Ⅳ的转基因生物，经类型 1 的生产、加工活动而得到的转基因产品，根据安全性增加的程度不同，其安全等级可为Ⅰ、Ⅱ、Ⅲ或Ⅳ，分级标准与受体生物的分级标准相同。

2. 安全等级为Ⅳ的转基因生物，经类型 2 或类型 3 的生产、加工活动而得到的转基因产品，其安全等级仍为Ⅳ。

第三章　申报和审批

第十五条　凡在中华人民共和国境内从事农业转基因生物安全等级为Ⅲ和Ⅳ的研究以及所有安全等级的试验和进口的单位以及生产和加工的单位和个人，应当根据农业转基因生物的类别和安全等级，分阶段向农业转基因生物安全管理办公室报告或者提出申请。

第十六条　农业部每年组织两次农业转基因生物安全评审。第一次受理申请的截止日期为每年的 3 月 31 日，第二次受理申请的截止日期为每年的 9 月 30 日。申请被受理的，应当交由国家农业转基因生物安全委员会进行安全评价。农业部自收到安全评价结果后 20 日内作出批复。

第十七条　从事农业转基因生物试验和进口的单位以及从事农业转基因生物生产和加工的单位和个人，在向农业转基因生物安全管理办公室提出安全评价报告或申请前应当完成下列手续：

（一）报告或申请单位和报告或申请人对所从事的转基因生物工作进行安全性评价，并填写报告书或申报书（见附录Ⅴ）；

（二）组织本单位转基因生物安全小组对申报材料进行技术审查；

（三）取得开展试验和安全证书使用所在省（区、市）农业行政主管部门的审核意见；

（四）提供有关技术资料。

第十八条　在中华人民共和国从事农业转基因生物实验研究与试验的，应当具备下列条件：

（一）在中华人民共和国境内有专门的机构；

（二）有从事农业转基因生物实验研究与试验的专职技术人员；

（三）具备与实验研究和试验相适应的仪器设备和设施条件；

（四）成立农业转基因生物安全管理小组。

第十九条　报告农业转基因生物实验研究和中间试验以及申请环境释放、生产性试验和安全证书的单位应当按照农业部制定的农业转基因植物、动物和微生物安全评价各阶段的报告或申报要求、安全评价的标准和技术规范，办理报告或申请手续（见附录Ⅰ、Ⅱ、Ⅲ、Ⅳ、Ⅴ）。

第二十条　从事安全等级为Ⅰ和Ⅱ的农业转基因生物实验研究，由本单位农业转基因生物安全小组批准；从事安全等级为Ⅲ和Ⅳ的农业转基因生物实验研究，应当在研究开始前向农业转基因生物安全管理办公室报告。

研究单位向农业转基因生物安全管理办公室报告时应当提供以下材料：

（一）实验研究报告书（见附录Ⅴ）；

（二）农业转基因生物的安全等级和确定安全等级的依据；

（三）相应的实验室安全设施、安全管理和防范措施。

第二十一条　在农业转基因生物（安全等级Ⅰ、Ⅱ、Ⅲ、Ⅳ）实验研究结束后拟转入中间试验的，试验单位应当向农业转基因生物安全管理办公室报告。

试验单位向农业转基因生物安全管理办公室报告时应当提供下列材料：

（一）中间试验报告书（见附录Ⅴ）；

（二）实验研究总结报告；

（三）农业转基因生物的安全等级和确定安全等级的依据；

（四）相应的安全研究内容、安全管理和防范措施。

第二十二条　在农业转基因生物中间试验结束后拟转入环境释放的，或者在环境释放结束后拟转入生产性试验的，试验单位应当向农业转基因生物安全管理办公室提出申请，经农业转基因生物安全委员会安全评价合格并由农业部批准后，方可根据农业转基因生物安全审批书的要求进行相应的试验。

试验单位提出前款申请时，应当提供下列材料：

（一）安全评价申报书（见附录Ⅴ）；

（二）农业转基因生物的安全等级和确定安全等级的依据；

（三）农业部委托的技术检测机构出具的检测报告；

（四）相应的安全研究内容、安全管理和防范措施；

（五）上一试验阶段的试验总结报告。

第二十三条　在农业转基因生物生产性试验结束后拟申请安全证书的，试验单位应当向农业转基因生物安全管理办公室提出申请，经农业转基因生物安全委员会安全评价合格并由农业部批准后，方可颁发农业转基因生物安全证书。

试验单位提出前款申请时，应当提供下列材料：

（一）安全评价申报书（见附录Ⅴ）；

（二）农业转基因生物的安全等级和确定安全等级的依据；

（三）农业部委托的农业转基因生物技术检测机构出具的检测报告；

（四）中间试验、环境释放和生产性试验阶段的试验总结报告；

（五）其他有关材料。

第二十四条　农业转基因生物安全证书应当明确转基因生物名称（编号）、规模、范围、时限及有关责任人、安全控制措施等内容。

从事农业转基因生物生产和加工的单位和个人以及进口的单位，应当按照农业转基因生物安全证书的要求开展工作并履行安全证书规定的相关义务。

第二十五条　从中华人民共和国境外引进农业转基因生物，或者向中华人民共和国出口农业转基因生物的，应当按照《农业转基因生物进口安全管理办法》的规定提供相应的安全评价材料。

第二十六条　申请农业转基因生物安全评价应当按照财政部、国家计委的有关规定交纳必要的检测费。

第二十七条　农业转基因生物安全评价受理审批机构的工作人员和参与审查的专家，应当为申报者保守技术秘密和商业秘密，与本人及其近亲属有利害关系的应当回避。

第四章　技术检测管理

第二十八条　农业部根据农业转基因生物安全评价及其管理工作的需要，委托具备检测条件和能力的技术检测机构进行检测。

第二十九条　技术检测机构应当具备下列基本条件：

（一）具有公正性和权威性，设有相对独立的机构和专职人员；

（二）具备与检测任务相适应的、符合国家标准（或行业标准）的仪器设备和检测手段；

（三）严格执行检测技术规范，出具的检测数据准确可靠；

（四）有相应的安全控制措施。

第三十条　技术检测机构的职责任务：

（一）为农业转基因生物安全管理和评价提供技术服务；

（二）承担农业部或申请人委托的农业转基因生物定性定量检验、鉴定和复查任务；

（三）出具检测报告，做出科学判断；

（四）研究检测技术与方法，承担或参与评价标准和技术法规的制修订工作；

（五）检测结束后，对用于检测的样品应当安全销毁，不得保留。

（六）为委托人和申请人保守技术秘密和商业秘密。

第五章　监督管理与安全监控

第三十一条　农业部负责农业转基因生物安全的监督管理，指导不同生态类型区域的农业转基因生物安全监控和监测工作，建立全国农业转基因生物安全监管和监测体系。

第三十二条　县级以上地方各级人民政府农业行政主管部门按照《条例》第三十九条和第四十条的规定负责本行政区域内的农业转基因生物安全的监督管理工作。

第三十三条　有关单位和个人应当按照《条例》第四十一条的规定，配合农业行政主管部门做好监督检查工作。

第三十四条　从事农业转基因生物试验与生产的单位，在工作进行期间和工作结束后，应当定期向农业部和农业转基因生物试验与生产应用所在的行政区域内省级农业行政主管部门提交试验总结和生产计划与执行情况总结报告。每年 3 月 31 日以前提交农业转基因生物生产应用的年度生产计划，每年 12 月 31 日以前提交年度实际执行情况总结报告；每年 12 月 31 日以前提交中间试验、环境释放和生产性试验的年度试验总结报告。

第三十五条　从事农业转基因生物试验和生产的单位，应当根据本办法的规定确定安全控制措施和预防事故的紧急措施，做好安全监督记录，以备核查。

安全控制措施包括物理控制、化学控制、生物控制、环境控制和规模控制等（见附录Ⅳ）。

第三十六条　安全等级Ⅱ、Ⅲ、Ⅳ的转基因生物，在废弃物处理和排放之前应当采取可靠措施将其销毁、灭活，以防止扩散和污染环境。发现转基因生物扩散、残留或者造成危害的，必须立即采取有效措施加以控制、消除，并向当地农业行政主管部门报告。

第三十七条　农业转基因生物在贮存、转移、运输和销毁、灭活时，应当采取相应的安全管理和防范措施，具备特定的设备或场所，指定专人管理并记录。

第三十八条　发现农业转基因生物对人类、动植物和生态环境存在危险时，农业部有权宣布禁止生产、加工、经营和进口，收回农业转基因生物安全证书，由货主销毁有关存在危险的农业转基因生物。

第六章 罚则

第三十九条 违反本办法规定，从事安全等级Ⅲ、Ⅳ的农业转基因生物实验研究或者从事农业转基因生物中间试验，未向农业部报告的，按照《条例》第四十三条的规定处理。

第四十条 违反本办法规定，未经批准擅自从事环境释放、生产性试验的，或已获批准但未按照规定采取安全管理防范措施的，或者超过批准范围和期限进行试验的，按照《条例》第四十四条的规定处罚。

第四十一条 违反本办法规定，在生产性试验结束后，未取得农业转基因生物安全证书，擅自将农业转基因生物投入生产和应用的，按照《条例》第四十五条的规定处罚。

第四十二条 假冒、伪造、转让或者买卖农业转基因生物安全证书、审批书以及其他批准文件的，按照《条例》第五十三条的规定处罚。

第四十三条 违反本办法规定核发农业转基因生物安全审批书、安全证书以及其他批准文件的，或者核发后不履行监督管理职责的，按照《条例》第五十五条的规定处罚。

第七章 附则

第四十四条 本办法所用术语及含义如下：

一、基因，系控制生物性状的遗传物质的功能和结构单位，主要指具有遗传信息的 DNA 片段。

二、基因工程技术，包括利用载体系统的重组 DNA 技术以及利用物理、化学和生物学等方法把重组 DNA 分子导入有机体的技术。

三、基因组，系指特定生物的染色体和染色体外所有遗传物质的总和。

四、DNA，系脱氧核糖核酸的英文名词缩写，是贮存生物遗传信息的遗传物质。

五、农业转基因生物，系指利用基因工程技术改变基因组构成，用于农业生产或者农产品加工的动植物、微生物及其产品。

六、目的基因，系指以修饰受体细胞遗传组成并表达其遗传效应为目的的基因。

七、受体生物，系指被导入重组 DNA 分子的生物。

八、种子，系指农作物和林木的种植材料或者繁殖材料，包括籽粒、果实和根、茎、苗、芽、叶等。

九、实验研究，系指在实验室控制系统内进行的基因操作和转基因生物研究工作。

十、中间试验，系指在控制系统内或者控制条件下进行的小规模试验。

十一、环境释放，系指在自然条件下采取相应安全措施所进行的中规模的试验。

十二、生产性试验，系指在生产和应用前进行的较大规模的试验。

十三、控制系统，系指通过物理控制、化学控制和生物控制建立的封闭或半封闭操作体系。

十四、物理控制措施，系指利用物理方法限制转基因生物及其产物在实验区外的生存及扩散，如设置栅栏，防止转基因生物及其产物从实验区逃逸或被人或动物携带至实验区外等。

十五、化学控制措施，系指利用化学方法限制转基因生物及其产物的生存、扩散或残留，如生物材料、工具和设施的消毒。

十六、生物控制措施，系指利用生物措施限制转基因生物及其产物的生存、扩散或残留，以及限制遗传物质由转基因生物向其他生物的转移，如设置有效的隔离区及监控区、清除试验区附近可与转基因生物杂交的物种、阻止转基因生物开花或去除繁殖器官、或采用花期不遇等措施，以防止目的基因向相关生物的转移。

十七、环境控制措施，系指利用环境条件限制转基因生物及其产物的生存、繁殖、扩散或残留，如控制温度、水分、光周期等。

十八、规模控制措施，系指尽可能地减少用于试验的转基因生物及其产物的数量或减小试验区的面积，以降低转基因生物及其产物广泛扩散的可能性，在出现预想不到的后果时，能比较彻底地将转基因生物及其产物消除。

第四十五条　本办法由农业部负责解释。

第四十六条　本办法自 2002 年 3 月 20 日起施行。1996 年 7 月 10 日农业部发布的第 7 号令《农业生物基因工程安全管理实施办法》同时废止。

3. 农业转基因生物进口安全管理办法（2002 年 1 月 5 日农业部令第 9 号，2004 年 7 月 1 日农业部令 38 号修订）

第一章　总则

第一条　为了加强对农业转基因生物进口的安全管理，根据《农业转基因生物安全管理条例》（简称《条例》）的有关规定，制定本办法。

第二条　本办法适用于在中华人民共和国境内从事农业转基因生物进口活动的安全管理。

第三条　农业部负责农业转基因生物进口的安全管理工作。国家农业转基因生物安全委员会负责农业转基因生物进口的安全评价工作。

第四条　对于进口的农业转基因生物，按照用于研究和试验的、用于生产的以及用作加工原料的三种用途实行管理。

第二章　用于研究和试验的农业转基因生物

第五条　从中华人民共和国境外引进安全等级 I、II 的农业转基因生物进行实验研究的，引进单位应当向农业转基因生物安全管理办公室提出申请，并提供下列材料：

（一）农业部规定的申请资格文件；

（二）进口安全管理登记表（见附件）；

（三）引进农业转基因生物在国（境）外已经进行了相应的研究的证明文件；

（四）引进单位在引进过程中拟采取的安全防范措施。

经审查合格后，由农业部颁发农业转基因生物进口批准文件。引进单位应当凭此批准文件依法向有关部门办理相关手续。

第六条　从中华人民共和国境外引进安全等级Ⅲ、Ⅳ的农业转基因生物进行实验研究的和所有安全等级的农业转基因生物进行中间试验的，引进单位应当向农业部提出申请，并提供下列材料：

（一）农业部规定的申请资格文件；

（二）进口安全管理登记表（见附件）；

（三）引进农业转基因生物在国（境）外已经进行了相应研究或试验的证明文件；

（四）引进单位在引进过程中拟采取的安全防范措施；

（五）《农业转基因生物安全评价管理办法》规定的相应阶段所需的材料。

经审查合格后，由农业部颁发农业转基因生物进口批准文件。引进单位应当凭此批准文件依法向有关部门办理相关手续。

第七条　从中华人民共和国境外引进农业转基因生物进行环境释放和生产性试验的，引进单位应当向农业部提出申请，并提供下列材料：

（一）农业部规定的申请资格文件；

（二）进口安全管理登记表（见附件）；

（三）引进农业转基因生物在国（境）外已经进行了相应的研究的证明文件；

（四）引进单位在引进过程中拟采取的安全防范措施；

（五）《农业转基因生物安全评价管理办法》规定的相应阶段所需的材料。

经审查合格后，由农业部颁发农业转基因生物安全审批书。引进单位应当凭此审批书依法向有关部门办理相关手续。

第八条　从中华人民共和国境外引进农业转基因生物用于试验的，引进单位应当从中间试验阶段开始逐阶段向农业部申请。

第三章 用于生产的农业转基因生物

第九条 境外公司向中华人民共和国出口转基因植物种子、种畜禽、水产苗种和利用农业转基因生物生产的或者含有农业转基因生物成分的植物种子、种畜禽、水产苗种、农药、兽药、肥料和添加剂等拟用于生产应用的，应当向农业部提出申请，并提供下列材料：

（一）进口安全管理登记表（见附件）；

（二）输出国家或者地区已经允许作为相应用途并投放市场的证明文件；

（三）输出国家或者地区经过科学试验证明对人类、动植物、微生物和生态环境无害的资料；

（四）境外公司在向中华人民共和国出口过程中拟采取的安全防范措施。

（五）《农业转基因生物安全评价管理办法》规定的相应阶段所需的材料。

第十条 境外公司在提出上述申请时，应当在中间试验开始前申请，经审批同意，试验材料方可入境，并依次经过中间试验、环境释放、生产性试验三个试验阶段以及农业转基因生物安全证书申领阶段。

中间试验阶段的申请，经审查合格后，由农业部颁发农业转基因生物进口批准文件，境外公司凭此批准文件依法向有关部门办理相关手续。环境释放和生产性试验阶段的申请，经安全评价合格后，由农业部颁发农业转基因生物安全审批书，境外公司凭此审批书依法向有关部门办理相关手续。安全证书的申请，经安全评价合格后，由农业部颁发农业转基因生物安全证书，境外公司凭此证书依法向有关部门办理相关手续。

第十一条 引进的农业转基因生物在生产应用前，应取得农业转基因生物安全证书，方可依照有关种子、种畜禽、水产苗种、农药、兽药、肥料和添加剂等法律、行政法规的规定办理相应的审定、登记或者评价、审批手续。

第四章　用作加工原料的农业转基因生物

第十二条　境外公司向中华人民共和国出口农业转基因生物用作加工原料的，应当向农业部申请领取农业转基因生物安全证书。

第十三条　境外公司提出上述申请时，应当提供下列材料：

（一）进口安全管理登记表（见附件）；

（二）安全评价申报书（见《农业转基因生物安全评价管理办法》附录Ⅴ）；

（三）输出国家或者地区已经允许作为相应用途并投放市场的证明文件；

（四）输出国家或者地区经过科学试验证明对人类、动植物、微生物和生态环境无害的资料；

（五）农业部委托的技术检测机构出具的对人类、动植物、微生物和生态环境安全性的检测报告；

（六）境外公司在向中华人民共和国出口过程中拟采取的安全防范措施。

经安全评价合格后，由农业部颁发农业转基因生物安全证书。

第十四条　在申请获得批准后，再次向中华人民共和国提出申请时，符合同一公司、同一农业转基因生物条件的，可简化安全评价申请手续，并提供以下材料：

（一）进口安全管理登记表（见附件）；

（二）农业部首次颁发的农业转基因生物安全证书复印件；

（三）境外公司在向中华人民共和国出口过程中拟采取的安全防范措施。

经审查合格后，由农业部颁发农业转基因生物安全证书。

第十五条　境外公司应当凭农业部颁发的农业转基因生物安全证书，依法向有关部门办理相关手续。

第十六条　进口用作加工原料的农业转基因生物如果具有生命活力，应当建立进口档案，载明其来源、贮存、运输等内容，并采取与农业转基因生物相适应的安全控制措施，确保农业转基因生物不进入环境。

第十七条　向中国出口农业转基因生物直接用作消费品的，依照向中国出口农业转基因生物用作加工原料的审批程序办理。

第五章　一般性规定

第十八条　农业部应当自收到申请人申请之日起 270 日内做批准或者不批准的决定，并通知申请人。

第十九条　进口农业转基因生物用于生产或用作加工原料的，应当在取得农业部颁发的农业转基因生物安全证书后，方能签订合同。

第二十条　进口农业转基因生物，没有国务院农业行政主管部门颁发的农业转基因生物安全证书和相关批准文件的，或者与证书、批准文件不符的，作退货或者销毁处理。

第二十一条　本办法由农业部负责解释。

第二十二条　本办法自 2002 年 3 月 20 日起施行。

4. 农业转基因生物标识管理办法（2002 年 1 月 5 日农业部令第 10 号 2004 年 7 月 1 日农业部令 38 号修订）

第一条　为了加强对农业转基因生物的标识管理，规范农业转基因生物的销售行为，引导农业转基因生物的生产和消费，保护消费者的知情权，根据《农业转基因生物安全管理条例》（简称《条例》）的有关规定，制定本办法。

第二条　国家对农业转基因生物实行标识制度。实施标识管理的农业转基因生物目录，由国务院农业行政主管部门商国务院有关部门制定、调整和公布。

第三条　在中华人民共和国境内销售列入农业转基因生物标识目录的农业转基因生物，必须遵守本办法。

凡是列入标识管理目录并用于销售的农业转基因生物，应当进行标识；未标识和不按规定标识的，不得进口或销售。

第四条　农业部负责全国农业转基因生物标识的审定和监督管理工作。

县级以上地方人民政府农业行政主管部门负责本行政区域内的农业转基因生物标识的监督管理工作。

国家质检总局负责进口农业转基因生物在口岸的标识检查验证工作。

第五条　列入农业转基因生物标识目录的农业转基因生物，由生产、分装单位和个人负责标识；经营单位和个人拆开原包装进行销售的，应当重新标识。

第六条　标识的标注方法：

（一）转基因动植物（含种子、种畜禽、水产苗种）和微生物，转基因动植物、微生物产品，含有转基因动植物、微生物或者其产品成分的种子、种畜禽、水产苗种、农药、兽药、肥料和添加剂等产品，直接标注"转基因××"。

（二）转基因农产品的直接加工品，标注为"转基因××加工品（制成品）"或者"加工原料为转基因××"。

（三）用农业转基因生物或用含有农业转基因生物成分的产品加工制成的产品，但最终销售产品中已不再含有或检测不出转基因成分的产品，标注为"本产品为转基因××加工制成，但本产品中已不再含有转基因成分"或者标注为"本产品加工原料中有转基因××，但本产品中已不再含有转基因成分"。

第七条　农业转基因生物标识应当醒目，并和产品的包装、标签同时设计和印制。

难以在原有包装、标签上标注农业转基因生物标识的，可采用在原有包装、标签的基础上附加转基因生物标识的办法进行标注，但附加标识应当牢固、持久。

第八条　难以用包装物或标签对农业转基因生物进行标识时，可采用下列方式标注：

（一）难以在每个销售产品上标识的快餐业和零售业中的农业转基因生物，可以在产品展销（示）柜（台）上进行标识，也可以在价签上进行标识或者设立标识板（牌）进行标识。

（二）销售无包装和标签的农业转基因生物时，可以采取设立标识板（牌）的方式进行标识。

（三）装在运输容器内的农业转基因生物不经包装直接销售时，销售现场可以在容器上进行标识，也可以设立标识板（牌）进行标识。

（四）销售无包装和标签的农业转基因生物，难以用标识板（牌）进行标注时，销售者应当以适当的方式声明。

（五）进口无包装和标签的农业转基因生物，难以用标识板（牌）进行标注时，应当在报检（关）单上注明。

第九条　有特殊销售范围要求的农业转基因生物，还应当明确标注销售的范围，可标注为"仅限于××销售（生产、加工、使用）"。

第十条　农业转基因生物标识应当使用规范的中文汉字进行标注。

第十一条　进口的农业转基因生物标识经农业部审查认可后方可使用，同时抄送国家质检总局、外经贸部等部门；国内农业转基因生物标识，经农业转基因生物的生产、分装单位和个人所在地的县级以上地方人民政府农业行政主管部门审查认可后方可使用，并由省级农业行政主管部门统一报农业部备案。

第十二条　负责农业转基因生物标识审查认可工作的农业行政主管部门，应当自收到申请人的申请之日起 20 天内对申请做出决定，并通知申请人。

第十三条　销售农业转基因生物的经营单位和个人在进货时，应当对货物和标识进行核对。

第十四条　违反本办法规定的，按《条例》第五十二条规定予以处罚。

第十五条　本办法由农业部负责解释。

第十六条　本办法自 2002 年 3 月 20 日起施行。

附件：

第一批实施标识管理的农业转基因生物目录

1. 大豆种子、大豆、大豆粉、大豆油、豆粕

2. 玉米种子、玉米、玉米油、玉米粉（含税号为 11022000、11031300、11042300 的玉米粉）

3. 油菜种子、油菜籽、油菜籽油、油菜籽粕

4. 棉花种子

5. 番茄种子、鲜番茄、番茄酱

5. 农业转基因生物加工审批办法

《农业转基因生物加工审批办法》已经 2006 年 1 月 16 日农业部第 3 次常务会议审议通过，现予发布，自 2006 年 7 月 1 日起实施。

部长：杜青林

二〇〇六年一月二十七日

农业转基因生物加工审批办法

第一条　为了加强农业转基因生物加工审批管理，根据《农业转基因生物安全管理条例》的有关规定，制定本办法。

第二条　本办法所称农业转基因生物加工，是指以具有活性的农业转基因生物为原料，生产农业转基因生物产品的活动。

前款所称农业转基因生物产品，是指《农业转基因生物安全管理条例》第三条第（二）、（三）项所称的转基因动植物、微生物产品和转基因农产品的直接加工品。

第三条　在中华人民共和国境内从事农业转基因生物加工的单位和个人，应当取得加工所在地省级人民政府农业行政主管部门颁发的《农业转基因生物加工许可证》（以下简称《加工许可证》）。

第四条　从事农业转基因生物加工的单位和个人，除应当符合有关法律、法规规定的设立条件外，还应当具备下列条件：

（一）与加工农业转基因生物相适应的专用生产线和封闭式仓储设施。

（二）加工废弃物及灭活处理的设备和设施。

（三）农业转基因生物与非转基因生物原料加工转换污染处理控制措施；

（四）完善的农业转基因生物加工安全管理制度。包括：

1. 原料采购、运输、贮藏、加工、销售管理档案；

2. 岗位责任制度；

3. 农业转基因生物扩散等突发事件应急预案；

4. 农业转基因生物安全管理小组，具备农业转基因生物安全知识的管理人员、技术人员。

第五条　申请《加工许可证》应当向省级人民政府农业行政主管部门提出，并提供下列材料：

（一）农业转基因生物加工许可证申请表（见附件）；

（二）农业转基因生物加工安全管理制度文本；

（三）农业转基因生物安全管理小组人员名单和专业知识、学历证明；

（四）农业转基因生物安全法规和加工安全知识培训记录；

（五）农业转基因生物产品标识样本；

（六）加工原料的《农业转基因生物安全证书》复印件。

第六条　省级人民政府农业行政主管部门应当自受理申请之日起20个工作日内完成审查。审查符合条件的，发给《加工许可证》，并及时向农业部备案；不符合条件的，应当书面通知申请人并说明理由。

省级人民政府农业行政主管部门可以根据需要组织专家小组对申请材料进行评审，专家小组可以进行实地考察，并在农业行政主管部门规定的期限内提交考察报告。

第七条　《加工许可证》有效期为三年。期满后需要继续从事加工的，持证单位和个人应当在期满前六个月，重新申请办理《加工许可证》。

第八条　从事农业转基因生物加工的单位和个人变更名称的，应当申请换发《加工许可证》。

从事农业转基因生物加工的单位和个人有下列情形之一的，应当重新办理《加工许可证》：

（一）超出原《加工许可证》规定的加工范围的；

（二）改变生产地址的，包括异地生产和设立分厂。

第九条 违反本办法规定的，依照《农业转基因生物安全管理条例》的有关规定处罚。

第十条 《加工许可证》由农业部统一印制。

第十一条 本办法自 2006 年 7 月 1 日起施行。

6. 进出境转基因产品检验检疫管理办法

《进出境转基因产品检验检疫管理办法》已经 2001 年 9 月 5 日国家质量监督检验检疫总局局务会议审议通过，现予公布，自公布之日起施行。

二〇〇四年五月二十四日

第一章 总则

第一条 为加强进出境转基因产品检验检疫管理，保障人体健康和动植物、微生物安全，保护生态环境，根据《中华人民共和国进出口商品检验法》《中华人民共和国食品卫生法》《中华人民共和国进出境动植物检疫法》及其实施条例、《农业转基因生物安全管理条例》等法律法规的规定，制定本办法。

第二条 本办法适用于对通过各种方式（包括贸易、来料加工、邮寄、携带、生产、代繁、科研、交换、展览、援助、赠送以及其他方式）进出境的转基因产品的检验检疫。

第三条 本办法所称"转基因产品"是指《农业转基因生物安全管理条例》规定的农业转基因生物及其他法律法规规定的转基因生物与产品。

第四条 国家质量监督检验检疫总局（以下简称国家质检总局）负责全国进出境转基因产品的检验检疫管理工作，国家质检总局设在各地的出入境检验检疫机构（以下简称检验检疫机构）负责所辖地区进出境转基因产品的检验检疫以及监督管理工作。

第五条　国家质检总局对过境转移的农业转基因产品实行许可制度。其他过境转移的转基因产品，国家另有规定的按相关规定执行。

第二章　进境检验检疫

第六条　国家质检总局对进境转基因动植物及其产品、微生物及其产品和食品实行申报制度。

第七条　货主或者其代理人在办理进境报检手续时，应当在《入境货物报检单》的货物名称栏中注明是否为转基因产品。申报为转基因产品的，除按规定提供有关单证外，还应当提供法律法规规定的主管部门签发的《农业转基因生物安全证书》（或者相关批准文件，以下简称批准文件）和《农业转基因生物标识审查认可批准文件》。

第八条　对于实施标识管理的进境转基因产品，检验检疫机构应当核查标识，符合农业转基因生物标识审查认可批准文件的，准予进境；不按规定标识的，重新标识后方可进境；未标识的，不得进境。

第九条　对列入实施标识管理的农业转基因生物目录（国务院农业行政主管部门制定并公布）的进境转基因产品，如申报是转基因的，检验检疫机构应当实施转基因项目的符合性检测，如申报是非转基因的，检验检疫机构应进行转基因项目抽查检测；对实施标识管理的农业转基因生物目录以外的进境动植物及其产品、微生物及其产品和食品，检验检疫机构可根据情况实施转基因项目抽查检测。

检验检疫机构按照国家认可的检测方法和标准进行转基因项目检测。

第十条　经转基因检测合格的，准予进境。如有下列情况之一的，检验检疫机构通知货主或者其代理人作退货或者销毁处理：

（一）申报为转基因产品，但经检测其转基因成分与批准文件不符的；

（二）申报为非转基因产品，但经检测其含有转基因成分的。

第十一条　进境供展览用的转基因产品，须获得法律法规规定的主管部门签发的有关批准文件后方可入境，展览期间应当接受检验检疫机构的监管。展览结束后，所有转基因产品必须作退回或者销毁处理。如因特殊原因，需改变用途的，须按有关规定补办进境检验检疫手续。

第三章　过境检验检疫

第十二条　过境的转基因产品，货主或者其代理人应当事先向国家质检总局提出过境许可申请，并提交以下资料：

（一）填写《转基因产品过境转移许可证申请表》；

（二）输出国家或者地区有关部门出具的国（境）外已进行相应的研究证明文件或者已允许作为相应用途并投放市场的证明文件；

（三）转基因产品的用途说明和拟采取的安全防范措施；

（四）其他相关资料。

第十三条　国家质检总局自收到申请之日起 270 日内作出答复，对符合要求的，签发《转基因产品过境转移许可证》并通知进境口岸检验检疫机构；对不符合要求的，签发不予过境转移许可证（见附件），并说明理由。

第十四条　过境转基因产品进境时，货主或者其代理人须持规定的单证和过境转移许可证向进境口岸检验检疫机构申报，经检验检疫机构审查合格的，准予过境，并由出境口岸检验检疫机构监督其出境。对改换原包装及变更过境线路的过境转基因产品，应当按照规定重新办理过境手续。

第四章　出境检验检疫

第十五条　对出境产品需要进行转基因检测或者出具非转基因证明的，货主或者其代理人应当提前向所在地检验检疫机构提出申请，并提供输入国家或者地区官方发布的转基因产品进境要求。

第十六条　检验检疫机构受理申请后，根据法律法规规定的主管部门发布的批准转基因技术应用于商业化生产的信息，按规定抽样送转基因检测实验室作转基因项目检测，依据出具的检测报告，确认为转基因产品并符合输入国家或者地区转基因产品进境要求的，出具相关检验检疫单证；确认为非转基因产品的，出具非转基因产品证明。

第五章　附则

第十七条　对进出境转基因产品除按本办法规定实施转基因项目检测和监管外，其他检验检疫项目内容按照法律法规和国家质检总局的有关规定执行。

第十八条　承担转基因项目检测的实验室必须通过国家认证认可监督管理部门的能力验证。

第十九条　对违反本办法规定的，依照有关法律法规的规定予以处罚。

第二十条　本办法由国家质检总局负责解释。

第二十一条　本办法自公布之日起施行。

参考文献

陈俊标，徐鹤龙，彭晓江．2005. 食用抗氧化剂对花生油抗氧化活性的影响 [J].广东农业科学（6）：71-72.

陈仪本，蔡斯赞，黄伯爱，等．1998. 生物学法降解花生油中黄曲霉毒素的研究 [J].卫生研究（s1）：81-85.

陈红岩，张军，高毅，等．2002. 乙肝病毒表面抗原基因在花生中的遗传转化及免疫原性检测 [J].生物技术通讯，13（4）：245-250.

单世华，张海平，李春娟，等．2003. 农杆菌介导花生的遗传转化研究Ⅱ．花生基因组 DNA 提取方法的改良与鉴定 [J].福建农林大学学报（自然版），32（3）：273-275.

冯定远，Atre，P. P. 1997. 次氯酸钠对花生饼中黄曲霉毒素去毒效果的研究 [J].华南农业大学学报（1）：65-69.

盖云霞，赵谋明，崔春．2007. 弱碱高温法对花生粕脱毒及酶解效果的影响 [J].现代食品科技，23（11）：4-6.

高秀芬，计融，李燕俊．2007. 高效液相色谱法测定玉米中的黄曲霉毒素 [J].中国食品卫生杂志，19（2）：105-108.

国际农业生物技术应用服务组织．2017. 2016 年全球生物技术/转基因作物商业化发展态势 [J].中国生物工程杂志，37（4）：1-8.

洪宇伟，陈启，张京顺，等．2015. 花生过敏原及其检测方法研究进展．食品安全质量检测学报，6（1）：226-233.

侯然然，郑姗姗，张敏红，等．2008. 葡甘露聚糖对饲喂黄曲霉毒素 B_1 日粮肉仔鸡生长性能、血清指标及器官指数的影响

［J］.动物营养学报，20（2）：146-151.

胡秋林．2000. 油炸裹皮花生食品抗脂肪氧化酸败的研究［J］.武汉轻工大学学报（3）：4-6.

黄景仕，张湘兰，欧阳玉祝．2009. 添加花椒油对花生油过氧化值的影响［J］.食品与发酵科技，45（3）：50-52.

焦炳华，谢正矾．2000. 现代微生物毒素学［M］.福州：福建科学技术出版社．

李宏，张宏誉，胡鸢雷．2001. 花生过敏原 Arah1 的基因克隆与原核表达［J］.中华微生物学和免疫学杂志，s2：12-16.

李金寒，商博，梁丹丹，等．2016. 活性氧在柠檬醛抑制黄曲霉产毒过程中的作用［J］.核农学报，30（7）：1 316-1 322.

李俊霞，梁志宏，关舒．2008. 黄曲霉毒素 B_1 降解菌株的筛选及鉴定［J］.中国农业科学，41（5）：1 459-1 463.

李志刚，杨宝兰，姚景会，等．2003. 乳酸菌对黄曲霉毒素 B_1 吸附作用的研究［J］.中国食品卫生杂志，15（3）：212-215.

梁丹丹，邢福国，王巍，等．2015. 植物提取物抑制玉米中黄曲霉生长及产毒研究［J］.粮食与饲料工业（8）：51-56.

刘滨磊，刘兴玢．1990. 四种 ELISA 方法检测食品中黄曲霉毒素 B_1 的对比研究［J］.卫生研究（6）：25-27.

刘畅，刘阳，邢福国，等．2010. 黄曲霉毒素 B_1 吸附菌株的筛选及其吸附机理研究［J］.核农学报，24：766-771.

刘大岭，姚冬生，黄炳贺，等．2003. 黄曲霉毒素解毒酶的固定化及其性质的研究［J］.生物工程学报，19（5）：603-607.

刘风珍，万勇善，王洪刚．2005. γ-维生素 E 甲基转移酶基因转化花生研究［J］.中国粮油学报，25（1）：61-64.

刘萍，吴海强，郑跃杰，等．2008. 儿童过敏患者致敏原筛查及相关因素分析［J］.中国公共卫生，24（7）：806-807.

罗曼，蒋立科，吴子健．2001. 柠檬醛对黄曲霉质膜损伤机制的初步研究［J］.微生物学报，41（6）：723-730.

齐德生，刘凡，于炎湖 . 2004. 蒙脱石对黄曲霉毒素 B_1 的吸附作用 [J]. 矿物学报，24（4）：341-346.

宋艳萍，刘大岭，黄炳贺，等 . 2003. 固定化真菌解毒酶对花生油中 AFB_1 的去除作用的初步研究 [J]. 食品科学，24（2）：19-22.

孙秀兰，张银志，邵景东，等 . 黄曲霉毒素 B_1 抗体和纳米金颗粒的相互作用机理 [J]. 高等学校化学学报，28（8）：1 449-1 453.

王晶，王林，黄晓蓉 . 2002. 食品安全快速检测技术 [M]. 北京：化学工业出版社 .

王中民，李君文 . 2001. 免疫层析技术研究进展 [J]. 国外医学临床生物化学与检验学分册，22（2）：96-97.

王会娟，刘阳，邢福国 . 2012. 高产漆酶平菇的筛选及其在降解黄曲霉毒素 B_1 中的应用 [J]. 核农学报，26：1 025-1 030.

邢福国，滑慧娟，刘阳 . 2015. 转基因农产品安全性评价研究 [J]. 生物技术通报，31（4）：17-24.

徐平丽，单雷，柳展基，等 . 2003. 农杆菌介导抗虫 *CpTI* 基因的花生遗传转化及转基因植株的再生 [J]. 中国油料作物学报，25（2）：5-31.

许泽永 . 1994. 国内外花生病毒病研究概况 [J]. 中国油料，16（1）：82-85.

许泽永，廖伯寿，晏立英，等 . 2007. 转基因花生研究进展 [J]. 中国油料作物学报，29（4）：489-496.

杨晓光，刘海军 . 2014. 转基因食品安全评估 [J]. 华中农业大学学报（自然科学版），33（6）：110-111.

袁媛，邢福国，刘阳 . 2013. 植物精油抑制真菌生长及毒素积累的研究 [J]. 核农学报，27（8）：1 168-1 172.

张鹏，张艺兵，赵卫东 . 1999. 花生中黄曲霉毒素 B_1、B_2、G_1、G_2 的多功能净化柱—高效薄层色谱分析 [J]. 分析测试学报，

18 （6）：62-64.

张鹏，张艺兵，王晶 . 2002. 牛奶及奶粉中黄曲霉毒素 M_1 的快速测定 ［J］.中国乳品工业，30 （6）：30-32.

周露，王会娟，邢福国，等 . 2014. 平菇 P1 培养条件优化及其黄曲霉毒素降解酶的初步分离 ［J］.核农学报，28：1 625-1 631.

庄东红，邹湘辉，周敏，等 . 2003. 农杆菌介导的花生遗传转化研究 ［J］.中国油料作物学报，25 （4）：47-51.

庄伟健，方树民，李毓，等 . 2007. 花生品种（系）抗黄曲霉筛选鉴定 ［J］.福建农业学报，22 （3）：261-265.

曾义，孙国防，茅力 . 2007. 运用 HACCP 原理分析花生黄曲霉毒素的预防和控制 ［J］.南京医科大学学报（自然科学版），27 （4）：402-406.

Alberts J F, Engelbrecht Y, Steyn P S, et al. 2006. Biological degradation of aflatoxin B_1 by *Rhodococcus erythropolis* cultures ［J］. International Journal of Food Microbiology, 109 （1 - 2）：121-126.

Ammida N H S, Micheli L, Palleschi G. 2004. Electrochemical immunosensor for determination of aflatoxin B_1 in barley ［J］. Analytica Chimica Acta, 520 （1-2）：159-164.

Bluma R V, Etcheverry M G. 2008. Application of essential oils in maize grain：Impact on *Aspergillus* section Flavi growth parameters and aflatoxin accumulation ［J］. Food Microbiology, 25 （2）：324-334.

Brown D W, Yu J H, Kelkar H S, et al. 1996. Twenty-five coregulated transcripts define a sterigmatocystin gene cluster in *Aspergillus nidulans* ［J］.Proceedings of the National Academy of Sciences of the United States of America, 93：1 418-1 422.

Burow G B, Nesbitt T C, Dunlap J, et al. 1997. Seed lipoxygenase products modulate *Aspergillus* mycotoxin biosynthesis ［J］.

Molecular Plant-Microbe Interactions, 10 (8): 380-387.

Carlson M A, Bargeron C B, Benson R C. 2000. An automated, handheld biosensor for aflatoxin [J]. Biosensors & Bioelectronics, 14 (11): 841-848.

Cepeda A, Franco C M, Fente C A, et al. 1996. Postcolumn excitation of aflatoxins using cyclodextrins in liquid chromatography for food analysis [J]. Journal of Chromatography A, 721 (1): 69-74.

Chenault K D, Burns J A, Melouk H A. 2002. Hydrolase activity in transgenic peanut [J]. Peanut Science, 29: 89-95.

Chenault K D, Payton M E, Melouk H A. 2003. Greenhouse testing of transgenic peanut for resistance to Sclerotinia minor [J]. Peanut Science, 30: 35-40.

Chenault K D, Melouk H A, Payton M E. 2005. Field reaction to sclerotinia blight among transgenic peanut lines containing antifungal genes [J]. Crop Science, 45: 511-515.

Dodo H, Konan K, Viquez O. 2005. A genetic engineering strategy to eliminate peanut allergy [J]. Current Allergy and Asthma Reports, 5 (1): 67-73.

Dragacci S, Grosso F, Gilbert J. 2001. Immunoaffinity column cleanup with liquid chromatography for determination of aflatoxin M_1 in liquid milk: collaborative study [J]. Journal of AOAC International, 84 (2): 437-443.

Eapen S, George L. 1994. Agrobacterium tumefaciens mediated gene transfer in peanut (*Arachis hypogaea* L.) [J]. Plant Cell Reports, 13 (10): 582-586.

El-Nezami H, Kankaanpää P, Salminen S, et al. 1998. Physicochemical alterations enhance the ability of dairy strains of lactic acid bacteria to remove aflatoxin from contaminated media [J].

Journal of Food Protection, 61 (4): 466-468.

El-Nezami H, Mykkanen H, Kankaanpaa P, et al. 2000. Ability of *Lactobacillus* and *Propionibacterium* strains to remove Aflatoxin B_1 from the chicken duodenum [J].Journal of Food Protection, 63 (4): 549-552.

Gardner H K, Koltun S P, Dollear F G, et al. 1971. Inactivation of aflatoxins in peanut and cottonseed meals by ammoniation [J]. Journal of the American Oil Chemists'Society, 48 (2): 71-73.

Gowda N, Suganthi R, Malathi V, et al. 2007. Efficacy of heat treatment and sun drying of aflatoxin - contaminated feed for reducing the harmful biological effects in sheep [J].Animal Feed Science and Technology, 133 (1): 167-175.

Higgins C M, Hall R M, Mitter N A, et al. 2004. Peanut stripe potyvirus resistance in peanut (*Arichis hypogaea* L.) plants carrying viral coat protein gene sequences [J].Transgenic Research, 13: 59-67.

Hua H, Xing F, Selvaraj J N, et al. Inhibitory effect of essential oils on *Aspergillus ochraceus* and ochratoxin A production. PLoS ONE, 9 (9): e108285.

Khandelwal A, Lakshmi Sita G, Shaila M S. 2003a.Oralimmunization of cattle with hemagglutinin protein of rinderpest virus expressed in transgenic peanut induces specific immune responses [J].Vaccine, 21 (23): 3 282-3 289.

Khandelwal A, Vally K J M, Geetha N, et al. 2003b. Engineering hemagglutinin (H) protein of rinderpest virus into peanut (*Arachis hypogaea* L.) as a possible source of vaccine [J].Plant Science, 165: 77-84.

Khandelwal A, Renukaradhya G J, Rajasekhar M, et al. 2004.Systemic and oral immunogenicity of hemagglutinin protein of rinderpest virus expressed by transgenic peanut plants in a mouse model [J].Virology, 323 (2): 284-91.

Haskard C, El-Nezami H, Kankaanpaa P, et al. Surface binding of aflatoxin B_1 by lactic acid bacteria [J].Applied and Environmental Microbiology, 67: 3 086-3 091.

Henry S H, Bosch F X, Troxell T C, et al. 1999. Reducing liver cancer-global control of aflatoxin. Science, 286 (5 449): 2 453-2 454.

Ho J A, Wauchope R D. 2002. A strip liposome immunoassay for aflatoxin B_1 [J].Analytical Chemistry, 74 (7): 1 493-1 496.

Hormisch D, Brost I, Kohring G W, et al. 2004. *Mycobacterium fluoranthenivorans sp. nov.*, a fluoranthene and aflatoxin B_1 degrading bacterium from contaminated soil of a former coal gas plant [J]. Systematic and Applied Microbiology, 27 (6): 653-660.

Jonnala R S, Dunford N T, Chenault K. 2006. Tocopherol, phytosterol and phospholipid compositions of genetically modified peanut varieties [J]. Journal of the Science of Food and Agriculture, 86: 473-476.

Lee L S, Cucullu A F. 1978. Conversion of aflatoxin B_1 to aflatoxin D_1 in ammoniated peanut and cottonseed meals [J].Journal of Agricultural and Food Chemistry, 26 (4): 881.

Li J, Li J, Lu Z, et al. 2015. Transient transmembrane secretion of H_2O_2: A mechanism for citral-caused inhibition of aflatoxin production from *Aspergillus flavus* [J]. Chemical Communications, 51: 17 424-17 427.

Liang D, Xing F, Selvaraj J N., et al. 2015. Inhibitory effect of cinnamaldehyde, citral, and eugenol on aflatoxin biosynthetic gene expression and aflatoxin B_1 biosynthesis in *Aspergillus flavus* [J]. Journal of Food Science, 80: M 2 917-M 2 924.

Livingstone D M, Hampton J L, Phipps P M, et al. 2005.Enhancing resistance to Sclerotinia minor in peanut by expressing a barley oxalate oxidase gene [J]. Plant Physiology, 137 (4): 1 354 - 1 362.

Liu D, Liang R, Yao D, et al. 1998. Detoxification of aflatoxin B_1 by enzymes isolated from *Armillariella tabescens* [J]. Food and Chemical Toxicology, 36 (7): 563-574.

Liu D, Yao D, Liang Y, et al. 2001. Production, purification, and characterization of an intracellular aflatoxin - detoxifizyme from *Armillariella tabescens* (E-20) [J].Food and Chemical Toxicology, 39 (5): 461-466.

Magbanua Z V, Wilde H D, Roberts J K, et al. 2000. Wetzstein, H. Y. , Parrott, W. A. Field resistance to tomato spotted wilt virus in transgenic peanut (*Arachis hypogaea* L.) expressing an antisense nucleocapsid gene sequence [J]. Molecular Breeding, 6 (2): 227-236.

Motomura M, Toyomasu T, Mizuno K, et al. 2003. Purification and characterization of an aflatoxin degradation enzyme from *Pleurotus ostreatus* [J].Microbiological Research, 158 (3): 237-242.

Ogunsanwo B M, Faboya O O P, Idpwu O R, et al. 2004. Effect of roasting on the aflatoxin contents of Nigerian peanut seeds [J].African Journal of Biotechnology, 3 (9): 451-455.

Ozias-Akins P, Schnall J A, Anderson W F, et al. 1993.Regeneration of transgenic peanut plants from stably transformed embryogenic callus [J].Plant Science, 93 (1-2): 185-194.

Peltonen K, El - Nezami H, Haskard C, et al. 2001. Aflatoxin B_1 binding by dairy strains of lactic acid bacteria and bifidobacteria [J].Journal of Dairy Science, 84 (10): 2 152-2 156.

Pierides M, El-Nezami H, Peltonen K, et al. 2000. Ability of dairy strains of lactic acid bacteria to bind aflatoxin M_1 in a food model [J].Journal of Food Protection, 63: 645-650.

Pitt J I, Hocking A D, Bhudhasamai K, et al. 1993. The normal mycobiota of commodities from Tailand. 1. Nuts and oilseeds [J]. International Journal of Food Microbiology, 20: 211-226.

Pitt J I, Hocking A D. 1997. Fungi and Food Spoilage [J].London: Champman & Hall, 593.

Proctor A D, Ahmedna M, Kumar J V, et al. 2004. Degradation of aflatoxins in peanut kernels/flour by gaseous ozonation and mild heat treatment [J].Food Additives and Contaminants, 21 (8): 786-793.

Rajaram P P, Mansingraj S N. 2010. Anti-atoxigenic and antioxidant activity of an essential oil from *Ageratum conyzoides* [J].Journal of the Science of Food and Agricultrue, 90: 608-614.

Reddy S V, Mayi D K, Reddy M, et al. 2001. Aflatoxin B_1 in different grades of chillies in India as deteminded by indirect competitive ELISA [J].Food Additives & Contaminants, 18 (6): 553-558.

Rohini V K, Sankara Rao K. 2001. Transformation of peanut (*Arachis hypogaea* L.) with tobacco chitinase gene: variable response of transformants to leaf spot disease [J].Plant Science, 160 (5): 889-898.

Sangare L, Zhao Y, Folly Y M E, et al. 2014. Aflatoxin B_1 degradation by a *Pseudomonas* Strain [J].Toxins, 6: 3 028-3 040.

Shahin A A M. 2007. Removal of aflatoxin B_1 from contaminated liquid media by dairy lactic acid bacteria [J].International Journal of Agriculture and Biology, 9: 71-75.

Sharma K K, Anjaiah V. 2000. An efficient method for the production of transgenic plants of peanut (*Arachis hypogaea* L.) through *Agrobacterium tumefaciens* - mediated genetic transformation [J].

Plant Science, 159 (1): 7-19.

Shetty P H, Hald B, Jespersen L. 2007. Surface binding of aflatoxin B₁ by *Saccharomyces cerevisiae* strains with potential decontaminating abilities in indigenous fermented foods [J].International Journal of Food Microbiology, 113: 41-46.

Singsit C, Adang M J, Lynch R E, et al. 1997. Expression of a *Bacillus thuringiensis cryIA* (*c*) gene in transgenic peanut plants and its efficacy against lesser cornstalk borer [J].Transgenic Research, 6 (2): 169-76.

Smiley R D, Draughon F A. 2000. Preliminary evidence that degradation of aflatoxin B₁ by *Flavobacterium aurantiacum* is enzymatic [J].Journal of Food Protection, 63 (3): 415-418.

Stroka J, Jorissen U, Gilbert J, et al. 2000. Immunoaffinity column cleanup with liquid chromatography using post-column bromination for determination of aflatoxins in peanut butter, pistachio paste, fig paste, and paprika powder: collaborative study [J].Journal of AOAC International, 83 (2): 1 060-3 271.

Sun Q, Shang B, Wang L, et al. 2016. Cinnamaldehyde inhibits fungal growth and aflatoxin B₁ biosynthesis by modulating the oxidative stress response of *Aspergillus flavus* [J].Applied Microbiology and Biotechnology, 100 (3): 1 355-1 364.

Trucksess M W, Stack M E, Nesheim S, et al. 1991. Immunoaffinity column coupled with solution fluorometry or liquid chromatography postcolumn derivatization for determination of aflatoxins in corn, peanuts, and peanut butter: collaborative study [J]. Journal of AOAC International, 74 (1): 81-88.

Vargas E A, Preis R A, Castro L, et al. 2001. Co-occurrence of aflatoxins B₁, B₂, G₁, G₂, zearalenone and fumonisin B₁ in Brazilian corn [J].Food Additives & Contaminants, 18 (11): 981-

986.

Wei J, Okerberg E, Dunlap J, et al. 2000. Determination of biological toxins using capillary electrokinetic chromatography with multiphoton – excited fluorescence [J]. Analytical Chemistry, 72 (6): 1 360-1 363.

Xing F, Wang L, Liu X, et al. 2017. Aflatoxin B$_1$ inhibition in *Aspergillus flavus* by *Aspergillus niger* through down-regulating expression of major biosynthetic genes and AFB$_1$ degradation by atoxigenic *A. flavus* [J]. International Journal of Food Microbiology, 256: 1-10.

Xu L, Ahmed M F E, Sangare L, et al. 2017. Novel aflatoxin – degrading enzyme from *Bacillus shackletonii* L7 [J].Toxins, 9: 36.

Yang H, Singsit C, Wang A, et al. 1998. Transgenic peanut plants containing a nucleocapsid protein gene of tomato spotted wilt virus show divergent levels of gene expression [J].Plant Cell Reports, 17: 693-699.

Yang H, Nairn J, Ozias-Akins P. 2004. Field evaluation of tomato spotted wilt virus resistance in transgenic peanut (*Arachis hypogaea* L.) [J].Plant Disease, 88: 259-264.

图1　黄曲霉污染的花生

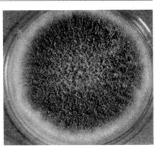

图2　黄曲霉菌落

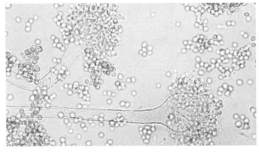

图3　显微镜下黄曲霉孢子

图4　黄曲霉分生孢子

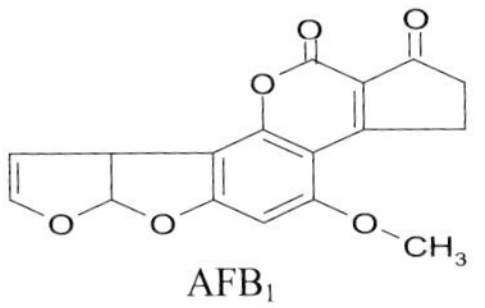

AFB$_1$

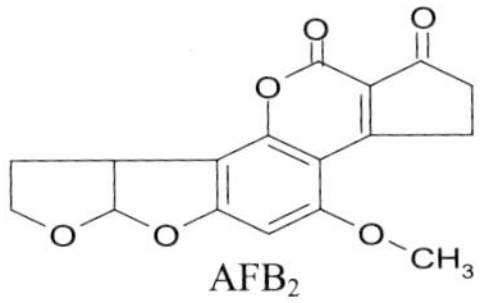

AFB$_2$

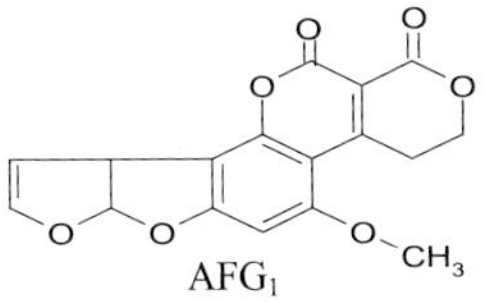

AFG$_1$

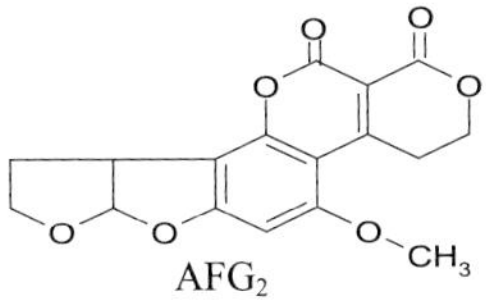

AFG$_2$

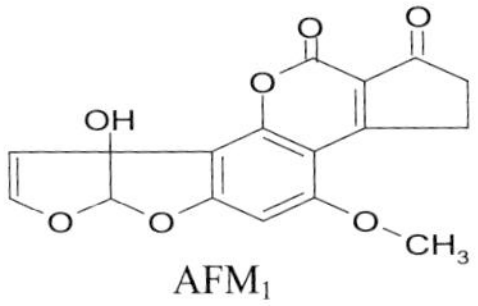

AFM$_1$

图5　主要黄曲霉毒素结构式

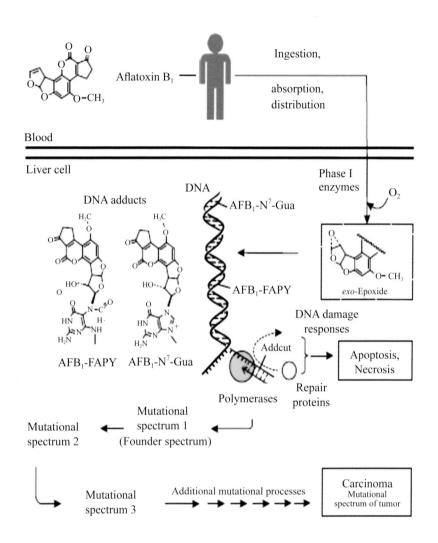

注：AFB1被代谢激活形成一个亲电子的环氧化合物，该环氧化合物与DNA结合形成致突变的AFB1–DNA复合物，导致G:C到T:A的转化，诱发原发性肝细胞癌。

图6　AFB1能够诱发原发性肝细胞癌（Chawanthayatham et al., 2017）

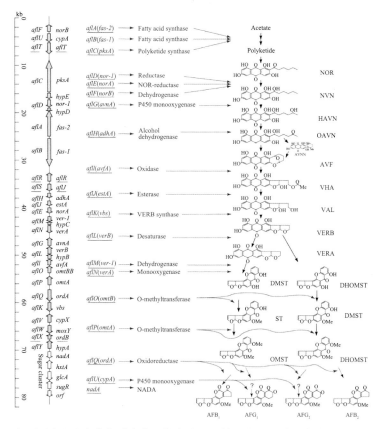

注：图片左边为黄曲霉毒素生物合成基因簇，右边为科学家普遍接受的黄曲霉毒素生物合成路径。图片左侧垂直线代表黄曲霉和寄生曲霉中82kb的黄曲霉毒素生物合成基因簇和糖利用基因簇，垂直线左侧显示的是新基因名，右侧是旧基因名，垂直线上的箭头表示基因转录的方向。最左侧的标尺显示毒素合成基因千碱基对的相对长度。生物合成路径中的箭头表示从基因到编码酶，从酶到参与的生物转化过程，以及从中间体到黄曲霉毒素生物合成过程产物。缩写：NOR, norsolorinic acid; AVN, averantin; HAVN, 5'-hydroxy-averantin; OAVN, oxoaverantin; AVNN, averufanin; AVF, averufin; VHA, versiconal hemiacetal acetate; VAL(VHOH), versiconal; VERB, versicolorin B; VERA, versicolorin A; DMST, demethylsterigmatocystin; DHDMST, dihydrodemethylsterigmatocystin; ST, sterigmatocystin; DHST, dihydrosterigmatocystin; OMST, O-methylsterigmatocystin; DHOMST, dihydro-O-methylsterigmatocystin。

图7 黄曲霉毒素生物合成路径和簇内基因（Cleveland et al., 2009）

人体感染途径
1. 由受黄曲霉毒素（主要为B1）污染的植物性食物摄入；
2. 经饲料而进入奶或乳制品（保罗乳酪、奶粉等）的黄曲霉毒素（主要为M1）

黄曲霉毒素
生长在食物及饲料中的黄曲霉和寄生曲霉代谢的一组化学结构类似的产物

黄曲霉毒素M1
为已知致癌物。具有很强的致癌性。国家规定的最高值为0.5μg/kg

危害
· 黄曲霉毒素进入人体后主要经消化道吸收，大部分分布在肝脏、肾脏，少部分分布在血液、肌肉、脂肪组织中
· 对人及动物肝脏组织有破坏作用，严重时可导致肝癌甚至死亡

特性
1993年被世界卫生组织（WHO）的癌症研究机构划定为1类致癌物，是一种毒性极强的剧毒物质

分布
主要存在于霉变的花生、谷物、果仁和大米等食物中

图8　黄曲霉毒素危害途径

科技瓶颈 → 技术突破 → 产业贡献

抑制和脱毒机制不清

抑制与脱毒机制
植物精油抑制产毒
水活度影响产毒
毒素降解路径和吸附机制

推动产业发展

抑制和脱毒技术落后

抑制技术与装备
植物精油抑菌
换向通风干燥

保障食品安全

抑制和脱毒装备缺乏

脱毒技术与装备
霉变花生激光分选
臭氧—碱炼—改性吸附—UV
生物酶解和吸附

促进出口贸易

图9　花生加工黄曲霉毒素全程绿色防控技术攻关项目技术路线